뿌리 왕국

식물은 어떻게 문명과 권력을 설계했는가

뿌　리　왕　국

WURZEL REICH

데이비드 스펜서 지음
배명자 옮김

흐름출판

우리는 매일 식물과 함께 살아가면서도 그 존재를 거의 의식하지 않는다. 하루 세 번 식물을 먹고 나무가 내뿜는 산소로 숨을 쉬며 식물의 그림자 아래서 휴식을 취하지만 정작 식물의 세계는 투명한 공기처럼 여긴다. 그러나 인간이 자연을 지배한다고 믿는 이 오만한 착각은 식물의 역사 앞에서 단숨에 허물어진다. 데이비드 스펜서는 바로 이 지점에서 출발한다. 식물과 인간은 서로 무관하게 진화한 두 존재가 아니라 서로의 삶을 깊게 바꿔온 동반자였다는 굵은 서사를 우리 앞에 펼쳐 보인다.

스펜서는 식물을 단순한 배경이나 자원으로 취급해 온 기존의 관점을 과감히 벗겨내고 인간 문명 자체가 식물과의 상호작용 속에서 형성되었다는 넓은 시야를 제시한다. 잎은 광합성으로 지구의 기후를 안정시켰고 뿌리는 토양을 만들며 육지 생태계를 가능하게 했으며 농경은 인간 사회의 구조를 완전히 재편했다. 이 책이 흥미로운 이유는 식물을 생물학적으로 설명하는 데 그치지 않고 인간과 식물이 서로를 길들이고 선택하며 공진화를 해온 긴 역사적 흐름을 생생하게 그린다는 점이다.

스펜서는 식물학자로서의 전문성과 과학 커뮤니케이터로서의 재능을 동시에 지닌 드문 연구자다. 그의 문장은 쉽지만 결코 가볍지 않다. 과학적 사실, 생태적 통찰, 문화사적 맥락이 부드럽게 얽혀 있어 전문가와 일반 독자 모두에게 깊은 이해를 선사한다. 풀 한 포기의 생리에서부터 지구 규모의 생명 네트워크까지 스펜서는 서로 멀어 보이는 세계들을 정교하게 연결하며 "식물학이 곧 인간학"이라는 놀라운 결론에 이르게 한다.

특히 지금 한국 사회에서 이 책의 의미는 더욱 크다. 기후위기는 식물과 인간의 관계를 가장 먼저 바꾸고 있다. 산불, 도시 열섬, 농업 지형의 변화, 토양 붕괴 등 식물의 세계가 흔들릴 때마다 인간의 삶은 위태로워진다. 이러한 시대에 이 책은 인간 중심의 사고에서 벗어나 생명 중심의 감각으로 세상을 바라보는 첫걸음을 제공한다. 우리가 식물을 이해하는 방식이 달라질 때 우리의 미래 역시 달라질 수 있다고 조용하지만 단호하게 말하는 책이다.

이 책을 읽고 나면 길가의 이름 모를 풀, 도심의 가로수, 식탁 위의 채소들조차 전혀 새로운 존재로 다가올 것이다. 식물을 바라보는 눈을 잃어버린 채 살아온 우리에게 스펜서는 그 감각을 되돌려준다. 이 책은 단순한 식물 교양서가 아니라 인간을 다시 이해하게 만드는 과학적 사유의 여정이다. 이 책이 한국 독자에게 오래 읽히기를 바란다.

— 이정모 (전 국립과천과학관장)

일러두기

– 이 책의 각주는 모두 원주다.

"세계가 변하고 있기 때문이오:

물에서, 흙에서, 바람의 냄새에서 느낄 수 있지."

—

J. R. R. 톨킨, 《왕의 귀환》, '나무수염'의 말[1]

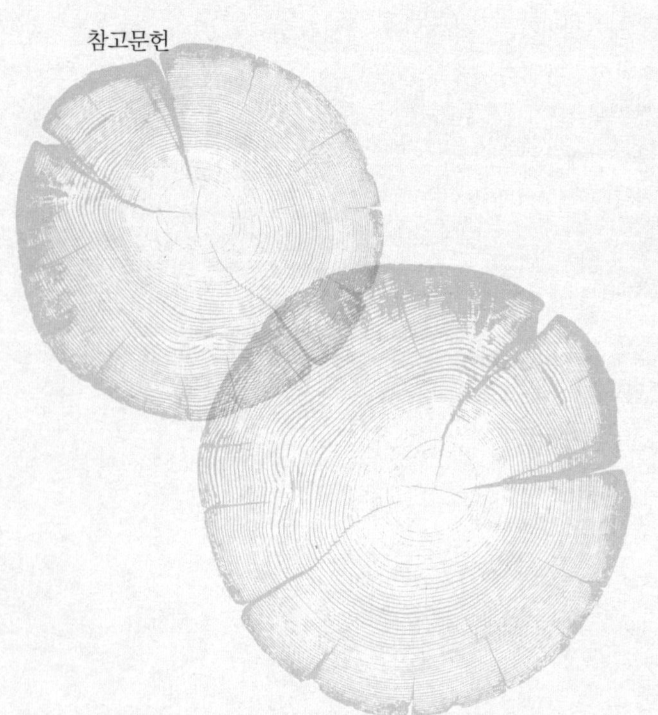

그 어느 때보다
식물의 목소리에 귀 기울일 시간이 오다

언뜻 보기에 식물과 인간의 삶은 완전히 다른 것 같다. 한쪽은 햇빛을 먹고 살고, 다른 한쪽은 직접 음식을 찾아서 먹는다. 한쪽은 땅에 뿌리를 박고 있고, 다른 한쪽은 끊임없이 움직인다. 식물의 삶은 영화의 슬로모션처럼 진행되고 감각을 활용할 일도 없어 보인다. 반면, 인간의 현실은 온갖 인상과 변화로 가득 차 매우 역동적이다. 하지만 식물과 인간의 진화 역사가 사실은 그렇게 다르지 않다면 어떻게 될까? 같은 지구에 살고 있을 뿐만 아니라, 행동과 습관, 선호도 등에서 생각했던 것보다 공통점이 훨씬 많다면? 인간과 식물이 함께 진화한 탓에 마치 셰어하우스처럼 지구를 공유하고 거의 공생 관계로 상호 신뢰 속에서 지구의 어려운 과제를 함께 해결할 임무를 가졌다면?

식물의 생애 곳곳에서 우리는 인류의 발달에 대해 많은 것을 배울 수 있다. 재배식물은 인간과 식물의 견고해진 결합을 보여주고, 야생식물은 인간의 출발점을 상기시켜준다. 식생활이나 환경보호 차원에서 보면, 인간과 식물은 영적인 면뿐 아니라 매우 실질적인 면에서도 서로 얽혀 있다. 그리고 과학은 우리와 지구를 공유하는 식물의 삶을 더 잘 이해하는 데 도움이 되는 흥미로운 소식을 거의 매일 제공한다.

나는 소위 경쟁 관계에 있는 두 거대 생물 집단, 즉 인간과 식물의 차이점을 찾지 말라고 권고하기 위해 이 책을 썼다. 식물의 입장에서 생각하고, 식물의 걱정과 요구, 아이디어, 발명 등을 면밀하게 살피는 것이 우리에게 어떤 기회를 주는지 알리고 싶었다. 식물학자만 식물을 자세히 살필 수 있는 건 아니다. 우리는 모두 식물과 늘 접촉하고, 식물로 만든 제품을 사용한다. 냉장고의 채소, 한편에 놓인 등나무 흔들의자, 주유소의 바이오 디젤, 심지어 이 책의 종이도 식물에서 왔다. 구석에 가만히 있는 관상용 식물에 귀를 기울여보는 것도 보람이 있을 수 있다. 관상용 식물이 말을 할 줄 안다면, 어쩌면 인류사와 크게 다르지 않은 감동적인 이야기를 들려줄지도 모르기 때문이다.

이 책의 여정은 편안함과 거리가 먼 시절의 이야기로 시작된다. 최초의 식물이 아직 어린 지구의 바다에서 나와 육지에 정착하려 힘겹게 싸우던 시절. 식물은 전 세계의 바다에서 유목민처럼 떠돌다 얼마 지나지 않아 곧 정착 생활을 시작했다. 이로 인해 새로운 고난이 생겼다. 이제 그들은 보호 장비 하나 없이 변덕스러운 날씨에 노출된 채 (겉보기에) 움직이지 못하는 삶을 살았다. 그들은 물이나 양분 같은 가장 기본적인 것을 얻기 위해 완전히 새로운 기술을 습득해야 했다. 그리고 분업도 필요했다. 종의 다양화를 꾀함으로써 서로 다른 식물이 다양한 생태 보금자리를 찾아 서로를 지원하고 지탱하게 했다. 그들은 전체 풍경을 만들었고, 생태계를 재구성했으며, 지구의 가장 외딴곳까지 퍼져나갔다. 다양한 종이 끊임없이 이주하면서, 어떨 땐 새로운 영토가 생기고, 또 어떨 땐 개체군 전체가 멸종하기도 했다.

식물은 마침내 서로 소통하는 법도 배웠다. 그들은 자기들끼리 그리고 주변 생명체와 끊임없이 소통하고, 포식자에게 경고하고, 동맹자들을 불러 모았다. 눈에 보이지 않는 작은 차원에서도 아주 옛날부터 늘 혹독한 분자 전쟁이 벌어졌다. 식물 대 곰팡이, 우리의 소중한 채소 대 병원균, 농작물 대 잡초. 이 과정에서 기가 막힌 무기들이 발명되었다. 창의성에는 한계가 없다! 동종의 발아를 억제하고, 수분 매개 곤충을 조종하고, 인간을 포함한 고등 포유류의 행동을 명확히 바꿔놓는 치명적 물질이나 환각 물질 또는 천연 화학물질이 발명되었다. 방 안의 관상용 식물에 귀를 기울여 얘기를 들을 수만 있다면, 야생식물 길들이기에 대해서도 듣게 될 것이다. 인간이 야생식물을 어떻게 얌전한 재배식물로 길들여, 문명과 피라미드, 자율주행차 등의 초석을 마련했는지 듣게 될 것이다. 식물과 인간의 얽히고설킨 공진화와 식물로 만든 제품에 대한 인간의 의존성을 생각하면, 실제로 누가 누구를 길들였는지 의문스럽다.

디테일은 종종 지하의 뿌리 왕국 같은 곳에 감춰져 있다. 지상의 녹색 부분이 식물의 생명에 미치는 영향은 기껏해야 절반에 불과하다는 사실을 우리는 이제야 서서히 이해하기 시작했다. 식물의 건강뿐 아니라 지구 전체의 건강에도 꼭 필요한, 믿을 수 없이 흥미롭고 대단히 중요한 과정들이 우리의 발밑에서 일어난다. 유기물이 가장 잘게 분해되고, 온실가스가 장기간 억류되고, 화학적 의사소통이 다양한 종의 평화로운 성장을 가능하게 하여 서로의 다양성을 더욱 강화한다. 또한, 식물은 매우 창의적으로 맞춤형 약물을 생산한다. 인간은 아주 옛날부터 식물을 이용해 질병을 다스렸다. 자연요법은 농업만큼이나 역사가 오래되었고, 식물과 인간의 관계가 얼마나 견고한지 다시 한번 보여준다. 자세히 살펴보면, 현대사회에도 식물에서 받은 영감이 곳곳에 퍼져 있다. 수컷고사리의 추출물은 벌레 퇴치제를 만드는 데 사용되었고, 빨간 꽃이 피는 소태나무의 쓴 물질은 야외에서 곤충에 맞설 때 도움이 되고, 아카시아의 가시는 식물의 방어력을 보여주는 좋은 예다. 이는 무엇보다 동물과 공생한 덕분에 얻은 것으로, 이 책에서도 다룰 예정이다.

식물의 삶은 대부분 관심 밖으로 밀려났고, 식물학은 종종 먼지 쌓인 구닥다리 학문으로 취급되기도 하지만, 사실 지금이야말로 식물의 전성기다. 우리는 그 어느 때보다 식물이 필요하다. 식량, 에너지, 주거를 위해서도 필요하지만, 영감을 불어넣는 존재로서, 팀 동료로서 그리고 멸종과 기후 위기, 제한된 공간 때문에 엄청난 독창성이 요구되는 어려운 미래에 맞서 싸울 동맹자로서, 우리는 식물이 필요하다. 그리고 식물은 대단한 방어력으로 거의 세계 멸망에 가까운 위기를 이미 몇 차례나 이겨냈다. 이런 식물보다 더 나은 조언을 줄 수 있는 것이 과연 있을까? 식물이 우리에게 주는 조언을 알아듣기 위해서는, 과학과 최신 연구 결과들이 모두가 이해할 수 있는 쉬운 언어로 전달되어야 한다. 식물과 인간의 모험적 공진화를 공부하는 것은, 특히 지금 같은 전쟁과 위기와 붕괴의 시기에 세상에 지친 우리의 영혼에 위안이 될 것이다. 이 책은 매우 현실적이고 놀라울 정도로 흥미로운 식물의 세계로 당신을 초대한다. 시간만 잡아먹는 SNS 게시물을 넘기는 데 손가락을 쓰는 대신 ‘식물 금손’이 되는 훈련을 하는 게 더 낫지 않을까? 우리는 현실감각이 있다고 말할 때, ‘땅에 뿌리를 박고 있다’ 또는 ‘땅에 발을 딛고 서 있다’라고 표현한다. 땅 위에 서 있든, 땅에 뿌리를 내리고 있든, 결국엔 같은 의미다. 당신이 영적으로 살고 있든, 미래를 향한 완전히 실용적인 길을 찾고 있든 상관없다. 식물은 모든 사람을 위해 뭔가를 준비해두었다.

자, 이제 깊이 숨을 들이쉬고, 식물 이야기에 뛰어들어보자. 우리는 꽤 오래도록 숨을 참아야 할 것이다. 뛰어들자마자 숨을 쉬러 밖으로 나와선 안 되기 때문이다. 게다가 최초의 식물들은 숨 쉴 공기가 매우 부족했다.

1장 발아

초록 정령의 냄새

1장 발아

초록 정령의 냄새

웅장한 진화를 아직 겪지 않은 태초의 식물은 현미경으로나 볼 수 있는 아주 작디작은 생명체였다. 식물은 인간과 마찬가지로, 모든 동물과 균류, 박테리아와 마찬가지로, 세포로 이루어져 있다. 하지만 인간과 식물의 생활 방식은 매우 다르다. 식물은 그저 장식용이나 요리 재료 정도로 무심코 지나치게 되는 '미지의 존재'에 가깝다. 그렇더라도 식물의 극적인 역사는 세상을 여러 차례 완전히 뒤집어놓았다. 식물은 우리의 지구를 소화하기 쉽게 미리 씹어놓고, 가공하고, 다듬었고, 그런 다음에야 비로소 인간이 지구에 거주할 수 있게 되었다. 동물과 인간이 지구에 등장했을 때, 거기에는 이미 유카야자의 조상들이 수백만 년에 걸쳐 정교하게 만들어 따뜻하게 데워놓은 침대가 준비되어 있었다.

눈에 보이지 않는 이 작디작은 식물은 언제 어떻게 지금의 모습을 갖게 되었을까? 이를 위해 어떤 기술이 필요했을까? 그리고 식물이 새로 습득한 이런 기술 중에서 우리 인간도 가진 것은 무엇일까?

현미경 속 훈련 캠프

자, 생물학 기초 지식을 잠시 되새겨보자. 겁먹을 필요 없다. 약속하는데, 머리 아플 일은 전혀 없다! 우선, 식물과 동물 둘 다 세포로 구성되어 있다(균류와 아메바 등이 속한 다른 생물 왕국도 있지만, 여기서는 식물과 동물만 비교하기로 한다). 식물과 동물의 최소 단위인 세포를 현미경으로 관찰하면, 본질적으로 같은 것을 보게 된다. 즉, 세포핵과 세포액 그리고 아주 작은 주머니처럼 생긴 여러 '세포소기관'으로 채워진 말랑말랑한 자루를 보게 된다. 동물 세포는 둥글둥글하고, 식물 세포는 각이 져 보인다. 이것이 첫 번째 주요 차이점인데, 식물 세포는 안정적인 세포벽으로 둘러싸여 있지만, 동물 세포는 그렇지 않다. 식물의 세포벽은, 식물 세포에만 있는 '액포'라 불리는 큰 자루를 이용해 세포를 안정적으로 보호한다.

동물 세포와 식물 세포에는 에너지 생산을 담당하는 특수 세포소기관이 들어 있다. 세포의 발전소라 할 수 있는 이 소기관의 이름이 미토콘드리아이고, 이 발전소는 간단히 말해 당분을 에너지로 바꾼다. 바로 이 작은 주머니가 모든 '고등 생물'(이것은 다소 오만한 용어인데, 그 이유는 나중에 설명하겠다)에서 탄수화물을 분해하고 산소를 이용해(그래서 숨을 쉬어야 한다) 작은 에너지바를 만들어 신체에 제공한다. 하지만 식물과 동물은 주원료인 당분을 서로 다른 방식으로 얻는다. 표범, 사향쥐, 말레이시아코끼리 그리고 우리 인간은 당분을 얻기 위해 먹어야 하지만, 밤나무와 쐐기풀은 광합성을 통해 당분을 자체 생산할 수 있다. 우리 인간은 외부의 식량 공급원에 의존하지만(종속영양생물), 식물 대부분은 에너지를 직접 생산한다(독립영양생물). 식물이 에너지를 생산하는 데 필요한 것은 빛, 물, 공기 그리고 사랑뿐이다.

식물의 이런 초능력은 진화에 엄청난 행운이었을 뿐만 아니라, 지구 역사상 가장 극적인 발명이었고, 지구의 모습을 영원히 바꾸어 놓은 동시에 유례없는 대량 멸종을 초래했다. 흥미진진하지 않은가? 계속 가보자.

먼저 인간(또는 동물)과 식물의 차이점과 유사점을 살펴보자. 우리는 오랫동안 오직 식물만이 소실된 기관을 대체하고 끊임없이 재생하여 사실상 영생할 수 있다고 믿어왔다. 하지만 줄기세포의 최신 연구 결과를 보면, 이는 사실이 아니다![1] 식물과 동물 둘 다 소위 '줄기세포 틈새'를 가졌고, 이곳에서 언제든지 새로운 줄기세포나 특정 기능을 가진 세포가 만들어질 수 있다. 지금까지의 지식으로 보면, '언제든지'라는 표현은 특히 식물에 적합하다. 100년 된 너도밤나무의 잎을 잘라내 그 조직에서 잠재력이 풍부한 새로운 줄기세포를 키울 수 있다. 그러니까 소위 리셋 버튼을 눌러 너도밤나무의 삶을 처음부터 다시 시작할 수 있다. 동물과 인간의 경우, 이런 회춘은 배아(수정 후 8주까지의 태아)의 세포에서만 가능하다. 그래도 그게 어딘가! 초파리의 경우, 실험실에서 일종의 초미니 산탄총으로 줄기세포 틈새를 쏘았더니, 주변 세포들이 몰려와 다시 완전히 재생시켰다![2] 세포 재생은 식물과 동물의 진화 과정에서 서로 독립적으로 발달했다. 그래서 연구자들은 줄기세포 틈새가 지구 역사 초기에 등장했고 다세포 생물로 진화하는 데 필수적인 혁신이었다고 추정한다.

줄기세포의 임무는 기본적으로 훌륭한 축구 감독의 임무와 비슷하다. 끊임없이 분석하고 점검하고 상의하고 불러들이고 교체하고 지휘한다. 팀 구성원 모두가 자기 역할을 알고 최선을 다하도록 이끈다. 다치거나 자기 역할을 못하는 사람이 있으면 교체한다. 그리고 무엇보다 훌륭한 리더는 후계자를 일찌감치 정해둔다. 다음 세대를 고려하지 않으면 팀이 순조롭게 유지될 수 없기 때문이다. 줄기세포도 마찬가지다. 재생 조직이 제 기능을 하려면, 맡은 임무를 수행할 특수 세포가 만들어져야 할 뿐 아니라, 줄기세포 자체가 재생되어야 한다. 즉, 세포가 분열되어야 한다. 주로 호르몬과 환경의 영향으로 조절되는 주고받기의 균형이 잘 잡혀 있어야 생명체는 제 기능을 하고 적응력을 유지할 수 있다. 그리고 적절한 때가 되면 리더는 후계자에게 자리를 내주면서 좋은 조언과 요령들을 전수해준다. 정말 멋진 상상 아닌가?

그렇더라도 가까운 미래에 줄기세포를 이용해 우리의 팔다리도 재생하여 다시 자라게 할 수 있을 거라는 과한 기대는 금물이다. 축구 감독의 비유를 이어가자면, 우리 몸의 축구 감독은 배아 발달 직후에 벌써 은퇴한다. 그리고 자원봉사 차원에서 지역 축구 선수들을 맡아달라고 설득하기가 쉽지 않다. 하지만 식물은 다르다. 노령기에도 적어도 두 개의 훈련 캠프는 계속 유지된다. 두 캠프의 이름은 줄기정단분열조직(SAM, shoot-apical meristen)과 뿌리정단분열조직(RAM, root-apical meristem)이다. 이름에서 알 수 있듯이, 둘은 가능한 서로 멀리 떨어져 있다. 하나는 줄기 끝(싹)에 있고, 다른 하나는 뿌리 끝에 있다(거대한 삼나무인 자이언트세쿼이아의 경우, 두 캠프의 간격이 족히 100미터가 넘는다). SAM은 가지와 잎의 성장을 담당하고, RAM은 땅속에서 미래의 뿌리털과 관개 시스템 확장을 위한 생존 캠프를 운영한다. 두 캠프의 운명은 완전히 다르다. 한쪽은 비바람을 맞으며 훈련하고 성가신 종속영양생물에게 걸핏하면 먹히지만, 다른 한쪽은 숨 쉴 공기조차 거의 없는 깜깜한 어둠 속에서 흙과 돌로 된 갑갑한 세상을 헤쳐나간다. 이렇듯 완전히 다르더라도, 식물을 뒤집어놓으면 SAM 자손은 몇 가지 유전적 요령을[3] 이용해 RAM 훈련생으로 변신할 수 있고, RAM 후손도 SAM 훈련생으로 바뀔 수 있다! 다시 말해, 특정 조건에서 식물은 기관의 기능을 완전히 바꿀 수 있다. 뿌리에서 잎이 자라고 잎에서 뿌리가 자랄 수 있다. 이것이야말로 "미쳤다!"라는 감탄사가 가장 잘 맞는 것 같다. 2012년 커스틴 던스트(Kirsten Dunst)가 출연한 블록버스터 영화 〈업사이드 다운〉에서처럼, 우주에서 쌍둥이 지구가 위험할 정도로 가까이 위아래로 붙어 있다면, 자이언트세쿼이아는 이론적으로 두 세계 모두에 뿌리를 내릴 수 있다! 역시 멋진 상상이다.

지상의 현실 세계로 돌아가자. 우리는 적어도 식물로부터 뭔가를 배울 수 있다. 줄기세포를 자극할 방법과 수단이 있고, 인간의 경우에도 수년간 활동이 없던 줄기세포를 적어도 한 번은 자극하여, 대장 벽이나 골수의 편안하고 푹신한 소파에서 일으켜 세워 뭔가 좋은 일을 하게 할 수 있다. 노화 연구에 유용한 몇 가지 발견도 있지만, 솔직히 말해 영원히 살고 싶은 사람이 과연 있을까? 이 주제는 다음 장에서 다루기로 하자. 진화의 여정을 본격적으로 시작하기 전인 지금은, 일단 인간과 식물의 차이점과 유사점을 대략 파악하는 정도면 충분하다.

세포 외에도 식물의 전혀 다른 생활 방식 사례가 수없이 많은데, 그것은 나중에 살펴보기로 하자. 우선, 식물 세포에는 있으나 동물 세포에는 없는 미세한 특징을 하나 더 다뤄야 한다. 생김새로 말할 것 같으면, 글쎄, 역시 작은 자루를 닮았다. 하지만 이번에는 뭔가 다르다. 이 자루는 녹색이다. 엽록체라는 이 자루에는 녹색 색소인 엽록소가 들어 있는데, 우리는 이것을 눈으로 볼 수 있다. 엽록소가 없으면 광합성도 없다. 광합성이 없으면 식물은 존재할 수 없다. 식물이 없으면 동물도 없고 당연히 인간도 없을 것이다. 아주 간단한 논리다.

그런데 식물이 햇빛을 양분으로 바꾸는 이 기적의 힘은 어디서 오는 걸까? 누구보다 빨리 그것을 알아내려면, 지구 역사의 시계를 얼마 전으로 되감아야 한다. 정확히 말해, 수십억 년 전으로. 녹색을 선택하는 것이 차갑게 얼어붙는 지구에서 생존 확률을 높이는 진정한 '게임 체인저'였던 시대로 돌아가야 한다.

여기에서 여담 하나. 잎이 녹색으로 보이는 것은 물리적 특성 때문이다. 식물이 화학적 초능력을 발휘하기 위해 빛의 빨간색과 파란색 파장을 흡수하고 적합하지 않은 녹색 파장을 반사하기 때문에, 실제로는 녹색이 아닌 잎이 녹색으로 보이는 것이다.

자, 이제 광합성이 처음 등장한 시대로 거슬러 올라가볼까? 그곳에서 우리는 미완성의 아직 어린 지구에서 벌어지는 생물의 다채롭고 흥미로운 발명 이야기를 만나게 될 것이다. 또한, 서서히 번지는 독, 느리게 진행되는 질식을 발견하게 될 것이다. 그리고 세상 모든 생명의 소멸도.

뜨거운 공기와 종말

자, 이곳은 약 40억~25억 년 전인 시생누대다! 너무 실망하지 마시라. 재미있는 시간을 보내려고 온 것이니, 스마일~! 방 안의 관상용 식물뿐 아니라 광합성을 하는 모든 생명체의 생애를 제대로 이해하려면, 지구가 디스코 볼처럼 회전하던 때로 가야 한다. 약 30억 년 전만 해도 지구 대부분은 격렬하게 일렁이는 뜨거운 녹색 수프로 덮여 있었고, 이 녹색 수프에 둘러싸인 육지는 약 3퍼센트에 불과했다. 수프가 녹색인 것은 녹조 현상이 아니라 녹슨 철 때문이다. 우리에게 익숙한 적갈색 녹과는 대조적으로, 녹색 녹은 주로 산소가 부족할 때 생긴다. 당시에 산소는 정말로 희귀한 분자였다. 오늘날의 우리는 이 분자를 원래부터 당연히 있는 것으로 여기지만, 지구 역사의 절반 이상은 산소가 없거나 희박한 상태였다.[4] 대기는 주로 질소, 메탄, 이산화탄소로 구성되어 있었다. 시생누대의 바다에는 '숨 쉴 공기'가 없어도 잘 살 수 있는 미생물이 많았다. '공기 없이 사는' 혐기성 미생물은 아마도 최초의 생명체였을 것이고, 원시 수프를 계속 저어주고 양념을 넣어 간을 맞춘 결과로 생겨났을 터다.

수십억 년 전인 이 지질시대를 알려주는 1차 자료와 사실들은 불행히도 턱없이 부족하다. 너무 오래전이라 화석이 거의 없고, 증거물 대부분은 태어난 직후부터 불을 뿜어댄 어린 지구의 몸속에서 녹아버렸다. 오늘날 이 지질시대에 관해 우리가 알고 있는 지식은, 지질학에서 밝힌 철의 형성 또는 '빛을 먹는' 최초의 생명체로 추정되는 남세균의 유전정보 같은 몇 가지 단서에 기초한다. 그래서 여전히 수많은 의문점(예: 광합성의 진화 과정)이 답을 찾지 못한 채 남아 있다. 그렇더라도 연구자들이 어느 정도 동의하는 핵심 데이터가 몇 가지

◎ 생물학적 시스템으로만 산소를 생성할 수 있다는 생각은 최근 반박되었다. 2024년, 연구자들은 태평양 깊은 곳에 있는 신비한 망간 덩이도 물을 전기분해하여 산소를 생성한다는 사실을 발견했다.

있다. 이를테면, 지구라는 디스코 무도장에 산소가 대량으로 등장한 사건이 있었다. 이를 '산소 대폭발 사건'이라고 부른다.[5]

약 27억 년 전(솔직히 나는 식물학자라 이런 숫자는 잘 모른다), 최초의 '포토신시사이저', 즉 광합성 생물이 등장했다. 나팔바지에 말갈기 헤어스타일의 연주자와 어울리는 악기 이름처럼 들리지만, 그보다 훨씬 더 눈부셨다. 미세한 박테리아, 특히 앞서 언급한 남세균은 빛을 양분으로 바꾸고 폐기물로 산소를 배출하는 물질대사로 차트를 휩쓸었다. 어째서 폐기물일까? 이 작은 스타들은 당시에 이미 풍부했던 원자재(물!)를 분해하여 엔진을 작동할 만큼 똑똑했다. 물질대사의 마지막 단계에서 산소가 작은 방귀처럼 배출되었다. 남세균은 2억 년 동안 성공 신화를 써내려가 그 개체수가 급격히 늘어났다. 그리고 우주에서도 보일 만큼 바다의 산소 함량이 증가했다. 바닷속 철이 새로운 기체와 반응하여, 그동안 주로 녹색이던 녹이 적갈색 산화철로 바뀌었다. 간단히 말해, 이 시기에 지구는 피처럼 붉게 변했을 것이다(영화 〈가디언즈 오브 갤럭시〉의 신나는 사운드트랙이 귓가에 울리고, 나무 영웅 그루트를 태운 우주선이 지구를 지나쳐 질주하는 동안 배경에서 지구가 진동하며 독한 녹색에서 녹슨 붉은색으로 변하는 모습이 떠오른다. 아직 마블 시리즈를 보지 않았다면, 지금 당장 책을 내려놓고 자신의 인생을 깊이 돌아보기 바란다). 최초의 미세한 식물이 지구의 모습을 일찌감치 근본적으로 바꾸어놓았다.

물론 남세균은 엄밀히 말해 진짜 식물이 아니다. 남세균에는 세포핵도 없고, 식물 세포의 가방 안에 일반적으로 들어 있는 여러 멋진 도구들도 없다. 이 작은 기적의 미생물은 오히려 스스로 도구가 되어 식물 세포의 가방 안에 들어가 실질적인 공생 파트너로 진화의 여정을 함께할 것이다![6] 하지만 진화가 진행되려면 우선 산소 문제부터 해결되어야 했다.

헤비메탈 지구는 25억 년 전까지 활기찬 모습을 보였지만, 산소 함량이 증가하면서 문제가 점점 더 커졌다. 높은 산소 함량은 불행히도 대부분의 혐기성 미생물에게 독이 되었다. 앞에서 말했듯이, 혐기성 미생물은 그때까지 지구상에서 가장 성공적이고 흔한 생명체였다. 안타깝고 애석하게도, 최초의 대량 멸종이 발생했다. 이 불쌍한 미생물들 대부분은 진흙 퇴적물, 해저의 기이한 유황 분출구, 아이러니하게도 우리의 내장 같은 '산소가 부족한 틈새'로 도망쳤고, 그곳에서 오늘날까지(!) 숨어 지낸다. 산소라는 이 운명의 가스는 바다를 가득 채운 뒤 대기로도 진출하여 극적인 기후변화를 일으켰다. 남세균은 지구 생태계에서 이산화탄소를 빨아들여 세포벽을 구성하는 데 썼을 뿐 아니라, 굉장히 좋은 방귀 가스를 배출하여 대기의 메탄을 쫓아냈다.

이산화탄소와 메탄은 둘 다 온실가스인데, 두 가스가 크게 줄면서 무슨 일이 일어났을까? 그렇다, 지구가 차갑게 식었다. 그리고 그것이 바로 산소 대폭발 사건이 초래한 진짜 재앙이었다. 시생누대의 바닷물에 산소가 풍부해지고, 산소가 대기로 빠져나가 당시에 아주 풍부했던 온실가스와 반응하면서, 지구 온도가 그 어느 때보다 낮아졌다. 여러 차례의 빙하기가 이어졌고, 남극과 북극, 적도에 이르기까지 모든 것이 얼어붙었다. 결국, 강한 남세균조차 자신의 혁신 때문에 위협을 받게 되었다. 광합성을 활발히 했던 최초의 생명체가 스스로 배출한 폐기물에 질식사하기에 이르렀다. 그 폐기물이 바로 산소였다.

시대라는 건 그토록 달라질 수 있는 것이다! 오늘날 상쾌하고 맑은 공기의 상징이 아주아주 오래전 과거에는 플라스틱 쓰레기나 마찬가지였다. 오늘날 우리가 바다와 해안 지역에서 플라스틱을 회수하는 데 큰 어려움을 겪고 있는 것처럼, 가장 성공적이었던 박테리아 종도 자신의 잘못으로 생존 위협에 처하게 되었다. 플라스틱과 마찬가지로(솔직히 모든 쓰레기가 이미 너무 많다) 산소에도 적용되는 명언이 있다.

"용량이 독을 만든다!"

나는 이 명언을 지치지 않고 인용한다. 이 명언은 스위스 의사이자 자연신비주의자 파라켈수스가 500년 전 독성학에서 인식한 경험칙이다. 지구에 사는 생명체에게는 산소가 '너무 적은' 지구와 '너무 많은' 지구가 있다. 반응하기 좋아하는 이런 가스와 접촉한 적이 없는 생명체라면 특히 그렇다. 앞에서 언급했듯이, 산화 축제가 있었다는 확실한 증거가 우리 발밑의 퇴적암에 있다. 띠 모양의 철광층인 이른바 '호상철광층'은 아주아주 오래전에 산화철이 퇴적되었음을 입증하는데, 주로 시생누대 후기 지층에서 발견되며, 몇 미터 두께의 베이컨처럼 보인다. 그리고 바로 이런 베이컨이 만들어진 시대에 혐기성 미생물이 무참히 멸종되거나 격리 구역으로 쫓겨났다.

하지만 이런 대대적인 독살에도 좋은 점이 최소 하나는 있었다. 과학자들은 남세균의 부상이 다세포 생물의 길을 닦았다고 믿는다. 세포들은 한곳에 모여 군집을 이룰 수밖에 없었고, 그 중심부는 상대적으로 산소가 적어, 군집 구성원 중 일부에게는 좋은 조건이 되었다. 그러나 가장자리 부분에는 산소를 좋아하는 남세균이나 그와 유사한 생물이 살았다. 다시 말해, 산소의 과잉으로 인해 초기 생명체는 더 복잡한 사회를 형성하게 되었고, 이는 현재 우리가 지닌 다양성의 원시 버전이다. 다양성은 초기 생명체의 생존 전략이다! 하지만 우리는 정확히 알 수 없고, 화석 증거가 부족하여 완벽히 증명할 수도 없다. 그렇지만 생명체가 적응과 협력을 통해 독가스 재앙에 대처하는 법을 찾아낸 것은 맞는 것 같다.

또한, 약 25억 년 전 어느 시점에 시생누대의 작은 식물들이 3억 년간 이어진 빙하기의 동면에서 깨어난 것은 확실하다. 잠에서 깬 그들은 기본 구조가 완전히 바뀐 세상을 맞닥뜨렸다.

생명을 구하는 온실가스

산소가 지구상의 모든 생물을 거의 멸종시키고, 녹아내리는 초코볼 같던 지구를 딱딱한 얼음덩이로 바꾸어놓은 직후, 일종의 균형이 회복되기 시작했다. 빙하기를 이겨낸 생물들은 몇 가지 이점이 있는, 글자 그대로 '쿨'한 세상을 맞이했다. 공기 중에 산소가 적당히(너무 많지 않게) 있었고, 물속에도 산소가 적당히(너무 적지 않게) 있었고, 온도와 압력도 물이 액체 상태를 유지하기에 적절했다. *음, 딱 좋아, 나이스!* 이런 일은 우리 은하에서 결코 당연한 현상이 아니다. 더욱 흥미롭게도, 그사이에 심심해진 산소(O_2)는 자신을 내던져 오존(O_3)을 만들어냈다. *오존의 탄생!* 지구는 생애 처음으로 안정적인 대기를 갖게 되었고, 특히 오존층 덕분에 태양의 유해한 자외선 대부분이 차단되었다. 그래서 물 위에 떠 있거나 해변으로 나가는 것이 더는 치명적이지 않게 되었다. *야호, 나가자, 만세!* 이런 변화는 나중에 더욱 중요한 역할을 하게 된다. 아무튼, 빙하기 생존자들은 지구 대기권의 오존층이라는 거대한 자외선 차단제 덕분에 창의력을 발휘할 기회를 가졌고, 실제로 그 기회를 십분 활용했다.

쓸데없는 자세한 설명을 빼고 간략히 말하면, 생물의 플레이리스트에서 다음 히트곡은 '세포 내 공생'이다. 한 미생물이 다른 미생물을 먹었지만 소화되지 않았다. 그리고 이것이 바로 혁신이었다. 먹기만 하고 소화하지 않음으로써, 먹은 자는 먹힌 자를 보호했고, 먹힌 자는 내부에서 에너지를 생산하여 보호자에게 보답했다. 한마디로 둘은 공생했다. 오늘날에도 이런 밀항자 다수가 세포 안에서(인간의 세포에서도) 발견된다. 엽록체와 미토콘드리아가 대표적인 두 가지예다. 이들은 세포 내 공생체이고, 세포 내 공생설은 현재 우리가 알고 있는 복잡한 동식물 세포의 진화를 설명하는 가장 좋은 이론으로 통한다.[7]

식물의 경우, 남세균을 포섭해 광합성을 확보한 것이 자급자족을 향한 첫 번째 주요 단계였다. 그때부터 그들은 휴대용 에너지바를 잘 관리해야 했고, 이 에너지바가 새로운 보금자리에서 잘 지내도록 완벽한 생활환경을 조성해야 했다. 이런 공생의 윈윈(win-win) 전략은 인간의 장내 미생물군의 윈윈 전략과 비슷하다. 우리가 장내 박테리아에게 산소 농도가 낮은(!) 안전한 집을 제공하고, 가끔 먹이를 주고, 약을 너무 많이 먹지 않으면, 그들은 적절한 소화와 강한 면역 체계, 좋은 기분을 우리에게 준다. 사실, 식물계에도 진짜 미생물군이 있으므로, 세포 내 공생과 장내 미생물군을 직접 비교하는 것은 살짝 무리이긴 하다. 우리의 장내 미생물군과 실제 대응되는 것은 식물의 미생물군이다. 식물의 미생물군은 지상의 잎과 지하의 뿌리에 거주하며 양분 흡수나 질병 방어 같은 수많은 과정에 관여한다. 하지만 그 수준에 이르려면 아직 진화가 한참 더 진행되어야 한다. 우리의 식물은 아직 세포 하나로만 이루어져 있다. 그리고 그 세포는 다른 세포를 먹었을 뿐 소화하지 않았다.

동물 세포의 선구자들도 진화 도구함에 광합성을 넣을 만큼 똑똑했다. 오늘날에도 자포동물인 산호에 세포 내 공생체가 있다. '와편모충류'라는 멋진 이름을 가진 이 작은 단세포 생물은 산호의 외투에 붙어서, 산호에게 필요한 에너지의 최대 80퍼센트를 공급한다. 와편모충류가 에너지를 생산하려면 햇빛이 있어야 하므로 산호는 수심이 30미터를 넘지 않는, 빛이 드는 곳에서만 산다. 익히 알려졌듯이, 이런 공생이 현재 위협을 받고 있다. 과도한 해수 온난화 같은 스트레스가 발생하면 산호는 와편모충류를 내쫓는데, 그 결과 산호가 새하

얕게 표백되거나 더 나아가 죽을 수도 있다.

산호는 열대우림과 마찬가지로 지구상에서 가장 종이 풍부한 생물이고, 지구 생태계 보전에 중요한 역할을 담당한다. 그래서 산호의 위기는 생태계에 치명적이다. 기후에 중대한 영향을 미치는 가스를 품은 시생누대 이후의 대기는 그다지 안정적이지 않았고, 우리 인간은 매우 짧은 시간에, 수백만 년에 걸친 진화와 비교하면 눈 깜짝할 새에, 온실가스의 균형을 다시 깨버렸다. 산업혁명 이래로, 그러니까 200년도 채 안 되는 기간에(!) 인간의 활동은 주로 온실가스를 배출했고, 의심할 여지없이 지구온난화를 일으켰다. 이는 삶의 모든 영역과 환경에서 두드러지게 나타난다.[8] 지구온난화는 과학적으로 압도적 합의가 이루어진 문제일까? 이는 논쟁의 여지도 의문의 여지도 없다. 지구온난화는 그 자체로 입증된 사실이다.

어쨌든, 식물이 진화하여 고생대 오르도비스기 초(약 5억 년 전)에 서서히 육지로 이주했을 때, 대기의 구성은 지금과 다소 달랐다. 동물들이 여전히 뒤처진 채로, 세포 내 공생이라는 열풍에 어리둥절해 있는 동안, 원시 식물들은 이미 첫 육지 탐험을 위해 기능성 옷을 제작하고 있었다. 세포 내 공생을 통해 최초의 해조류가 생겨났고, 그들은 공 모양으로 또는 긴 실 모양으로 뭉쳤다. 그에 반해 동물은 다세포 생물의 무한한 가능성에 너무나 매료된 나머지, 캄브리아기 대폭발(역시 5억 년 전)이라는 창조적 단계를 밟으며 비교적 짧은 시간 안에 오늘날의 동물 왕국의 거의 모든 원조를 만들어냈다. 그러나 이 원조들은 일단 물속 생활에만 국한된 일종의 시제품에 불과했다.

식물은 육지로 오르면서 전에 없던 새로운 도전에 직면하게 되었다. 아직 뿌리가 없는데, 어떻게 물을 흡수해야 할까? 어떻게 바람과 날씨로부터 자신을 방어할까? 어떻게 해야 열사병과 탈수를 피할 수 있을까? '보드라운 상토'가 아직 없으니, 맨 바위에서 필수 미네랄을 뽑아내야 하는데, 어떻게 해야 한단 말인가? 오래지 않아 방법을 찾았다. 원시 식물이 육지로 올라왔을 때, 예상치 않게 누군가가 도움의 손길을 내밀었다. 그것은 동물도 아니고 식물도 아니었다.

이끼가 없었다면 아무 일도 일어나지 않았다

현재까지 연구로 밝혀진 식물의 육지 이주 과정을 간략히 요약하면 이렇다. 약 4억 7,000만 년 전, 어떤 해조류가 해안으로 떠밀려와 그곳에 적응했다. 그 결과, 척박했던 땅에 녹색 초목이 우거졌고, 대기의 화학 성분은 다시 한번 엄청나게 바뀌었고, 미래의 모든 생명체를 위한 새로운 보금자리가 마련되었다.[9] 데이지, 선인장, 사과에 이르기까지 우리가 알고 있는 모든 육상식물은 같은 조상을 가졌고, 그 조상이 바로 기적을 경험한 녹조류 왕국 출신이다. 오늘날에도 볼 수 있는 우산이끼의 조상이 육지 생활에 필요한 기술을 개발했다는 것이 현재 가장 타당한 가설이다. 이미 언급했듯이, 당시 바다 밖의 삶은 대단히 거칠었다. 세상은 여전히 살기 힘든 곳이었고, 곳곳에서 화산이 폭발했으며, 땅은 온통 바위투성이였다. 냉각에도 불구하고 수면 온도는 여전히 영상 45도 언저리였다. 오존층이 아직 얇아서, 그다지 상쾌하지 못한 공기에 너무 오래 노출되면 유해한 자외선에 DNA가 손상될 수 있었다. 게다가 식물 세포 안에 사는 남세균의 주요 에너지원인 물을 바다 밖에서 얻기가 매우 어려웠다. 그렇다면 도대체 왜 바다를 떠난 걸까?

어쩌면 경쟁에서 벗어나기 위해, 최초의 육상식물이 되었을 가능성도 있다. 육지에서는 햇빛이 잘 드는 좋은 자리를 두고 서로 다투지 않아도 되고, 양분과 서식지를 놓고 싸우지 않아도 되므로, 거친 육지 생활을 견뎌내는 것이 진화적으로 이로울 수 있었다. 최초의 식물 세포 군집은 균류(곰팡이)라는 매혹적인 생명체의 도움을 받았다. 약 5억 년 전, 당시에 균류는 이미 꽤 오랫동안 육지에 살며 이 거친 황무지를 탐험하고 있었다. 그들은 척박한 바위에서 필수 미네랄을 뽑아내는 물리적, 화학적 요령을 알고 있었다. 그리고 그들은 최초의 식물을 만나자마자 바로 손을 내밀었다.

오늘날 우리가 알고 있듯이, 육상식물의 90퍼센트 이상이 균류와 공생하고, 나머지 10퍼센트도 이런 협력 관계를 그저 다른 거래 방식으로 대체한 것이다. 간단히 말해, 균류와 식물은 '육지 생활' 첫날부터 떼려야 뗄 수 없는 사이였고, 너무 오랫동안 연구되지 않은 이 동맹에서 균류 왕국의 전체 계보가 시작되었다. 이 동맹을 총칭하여 '균근'이라고 한다(4장에서 '월드 와이드 뿌리웹'을 다룰 때 중요한 용어이므로 기억해두기 바란다). 식물을 슈퍼 히어로라 부를 때는 항상 균류의 조력을 잊어선 안 된다! 균류 없는 식물은 로빈 없는 배트맨, 샘

없는 프로도, 론과 헤르미온느 없는 해리포터와 같다.

아무튼, 육지 적응 과정에서 수많은 흥미로운 식물성 물질이 등장했다. 그중 일부는 심지어 균류를 표절한 것이다. 식물은 새로운 환경에 대처하기 위해 새로운 물질을 개발했다. 플라보노이드는 유해한 자외선을 차단하고, 스포로폴레닌은 코팅 필름처럼 꽃가루를 보호하고, 큐티클 왁스층은 잎의 수분 증발을 줄여 탈수를 방지한다. 무엇보다도 리그닌이라는 물질군이 이 시기에 생긴 덕분에, 원시 놀이터의 식물들은 글자 그대로 자신을 초월해 성장할 수 있게 되었다. '목질'인 리그닌은 식물의 몸체를 단단히 잡아주는 데 매우 중요한 역할을 하므로, 적절한 높이까지 성장하기 위한 전제 조건이다. 리그닌은 오늘날의 관다발식물에서 관을 통해 물과 양분을 장거리로 운반하는 데도 중요한 역할을 한다.

식물 구조의 전형적인 특성 대부분도 육지에 도달한 이 시기에 생겨났다. 예를 들어, 기공은 적어도 4억 년 전부터 있었다. 기공 덕분에 식물은 숨을 쉬고 땀을 흘릴 수 있다. 식물은 이 작은 구멍을 통해 이산화탄소와 산소를 교환하므로 '숨을 쉰다'고 하는 것이다. 식물은 증산작용으로 수분 균형을 조절하고 기공을 통해 밑에서 위로 식물 몸체를 관통하여 계속 물을 빨아들이므로 '땀을 흘린다'고 하는 것이다. 이런 작지만 위대한 적응은 최초의 잎과 뿌리가 등장하기 훨씬 전에 있었으므로, 오늘날 모든 육상식물과 아마도 어느 시점에 다시 바다로 돌아갔을 수생식물(!)에 여전히 남아 있다. 원시이끼 종으로 방광이끼라고도 불리는 피스코미트렐라 파텐스는 모든 재배식물과 마찬가지로 기공을 가지고 있다. 우리는 이 이끼 덕분에 식물 진화의 기전을 탐구하고 이해할 수 있다.[10]

　원시 식물은 실처럼 생긴 해조류에서 진화했을 가능성이 가장 크다. 이 해조류는 균류와의 운명적인 협력을 모색하고 육지 생활에 필요한 새로운 기술을 익혔다. 최초의 '진짜' 식물들 중 하나가 이끼다. 가장 오래된 이끼 화석은 약 3억 5,000만 년 전의 것이다. 초기 식물의 화석은 흔치 않은데, 유기물을 화석으로 만들려면 물과 퇴적물이 필요하기 때문이다. 화석이 없더라도, 당시의 식물 왕국이 그 직후에 나타난 공룡 왕국만큼이나 인상적이었을 거라 충분히 상상할 수 있다. 원시 식물은 크고 우람했으며, 덩굴이나 포자로 번식했다. 씨앗과 열매는 나중에 발명되었다. 그들은 튼튼한 몸집과 방어용 가시로 존재감을 드러냈을 뿐 아니라, 변덕스러운 조수 때문에 발생하는 정기적 범람을 견뎌낼 스노클도 챙겨왔다. 오늘날 우리는 이른바 살아 있는 화석의 도움으로 공룡 시대 식물이 어떤 모습이었을지 그려볼 수 있다. 나무고사리와 우산이끼 외에도 감탕나무, 세쿼이아, 아라우카리아, 속새가 쥐라기 공원의 식물을 증언해준다. 다만, 칼라미테스속의 속새는 당시에 키가 5층 건물만큼 컸다.

　왜 이것이 중요할까? 주변에서 일어난 광범위한 변화는 식물에게 많은 창의성을 요구했다. **오늘날 우리는 식물의 육지 이주 과정을 통해, 변화하는 세상에서 생존하는 데 중요한 기술이 무엇인지 배울 수 있다.** 우리의 재배식물은 비록 이런 원시 슈퍼식물의 후손이지만, 그사이 많은 것을 잃어 이제는 인간의 보살핌에 의존하게 되었다. 맞다, 우리는 터보 토마토종 개량을 게을리했고, 오늘날 매우 유용했을 강인함과 저항력 같은 몇몇 특성을 살리는 데도 소홀했다. 그럼에도 불구하고 아니면 바로 그렇기 때문에, 오늘날 식물학 분야의 소식과 연구 결과는 더욱더 흥미진진하다. 식물학자들이 과거의 실수를 바로잡으려 노력하고 있다. 나는 식물학자로서 눈에 보이지 않는 분자 차원의 자연 발명품이 식물 왕국의 눈에 띄는 히트 상품 못지않게 흥미롭다고 생각한다. 그리고 그중에서도 특히 땅속에 단단히 내린 닻, 즉 뿌리가 가장 흥미롭다. 식물은 성공적으로 육지 여행을 시작하자마자 자발적으로 족쇄를 찼다. 이해하기 힘든 일이지만, 식물은 외부 공격을 피하는 것이 불가능할 정도로 땅에 뿌리를 박고 사는 삶을 선택했다. 하지만 우리는 땅에 뿌리를 내린 육상식물에서 많은 것을 배울 수 있다.

2장 뿌리 내리기

이 뿌리는 걷기 위한 것이 아니다

이 뿌리는 걷기 위한 것이 아니다

인류가 약 1만 2,000년 전에 정착 생활을 시작했던 것과 마찬가지로, 최초의 육상식물도 한 장소에 머무르는 편안한 생활을 선택했다. 언뜻 보기에 우리의 식물 이웃은 전혀 움직이지 않는 것 같지만, 그렇지 않다. 한자리에 뿌리를 내리기 위해서는 여러 차례 시스템 업데이트가 필요했고, 식물은 그 과정에서 적응의 달인이라는 명성을 다시 한번 입증했다.

노 브레인, 노 프라블럼

식물의 정착 생활은 우선 생태계에서 식물이 맡은 주요 임무에 안성맞춤이다. 식물은 가능한 많은 햇빛을 모아 화학에너지(=당분)로 전환한 다음, 다른 모든 이웃(미생물, 오리, 인간)에게 무료로 제공해야 한다. 식물은 정착 과정에서 적어도 세 가지 프로젝트를 기획하고 조직하고 수행해야 했다. 수분 매개자 모집, 파종 지원, 맹렬한 초식동물로부터 효과적으로 방어하기. 식물은 이 세 가지 프로젝트를 모두 해냈고, 이 과정에서 무엇보다 동물과 소통하고 협력하는 법 또는 동물을 지배하는 법도 습득했다. 하나씩 차근차근 살펴보자.

뿌리를 내린 삶이 어떤 건지 알고 있는가? 평생을 변함없이 고정된 자세로 살아야 하는 삶에는 무엇이 필요할까? 바람과 날씨에 무방비 상태로 노출된 채 도망칠 수도 없는 삶? 나는 어느 마피아 조직에 납치되어 미국 중서부 어딘가(예를 들어 캔자스!)의 황폐한 농장에서 콘크리트 블록에 발이 묶인 채 서 있는 상상을 해본다. 처음에는 신선한 공기가 상쾌할지 몰라도, 길게 잡아 10분만 지나도 벌써 지루해져 스마트폰을 보게 되고, 그러다가 배터리가 떨어졌음을 깨닫게 된다. 몇 시간이 지나면 햇볕이 뜨거워지고 목이 마르기 시작할 것이다. 그러다가 폭풍우가 몰려오고 나는 속옷까지 흠뻑 젖어버린다. 잠 못 이루는 밤을 서서 보낸 후 배고픈 채로 깨어나면, 곤충들이 점점 더 내게 관심을 보이는 게 느껴진다. 그들은 내 다리 위로 올라와 햇볕에 탄 내 피부에 흐르는 땀방울을 신나게 먹을 것이다.

어쩌면, 이보다 훨씬 더 극단적으로 상상할 수도 있으리라. 어떤가, 뿌리를 내린 삶이 얼마나 힘든지 이제 분명해졌는가? 식물은 그런 삶을 선택했다. 땅에 발이 묶이면, 우리 인간은 분명 며칠 만에 죽을 것이다. 하지만 바다에서 막 나온 식물은 아마도 여러 가지 이유에서 뿌리를 내리는 길을 선택했다. 이미 언급했듯이, 흙에 사는 균류와 즉각적인 동맹을 맺을 가능성이 있다는 것이 한 가지 이유였다. 이 이야기는 나중에 별도로 다시 다루기로 하자. 또 다른 가설은 높아진 '산화 스트레스'[1], 즉 신종 산소를 이용하는 삶과 식물의 새로운 생활 방식의 흥미로운 결합과 관련이 있다. 이 가설에 따르면, 다세포 생물은 이동할 수 없는 햇빛 수집가(식물)가 될지, 아니면 이동할 수 있는 잡식가(대부분 동물)가 될지 선택할 수 있었다. 두 가지를 모두 선택할 수는 없었는데, 그렇게 되면 물질대사에 과부하가 올 것이기 때문이다. 다시 말해, 광합성은 에너지가 많이 드는 과정이라 근육과 뇌까지 작동하는 것은 애초에 불가능하다.

맞다, 다소 거친 이론이다. 하지만 그럼에도 흥미로운 건 사실이다. 식물(또는 남세균)은 원시 수프에서 헤엄치던 시절에 이미 뛰어난 화학자였고, 모든 외부 영향에 대처할 수 있는 해독제를 발명했다. 따라서 이 슈퍼식물은 화학적 창의성을 발휘해 캔자스 농장에서 발생한 모든 문제의 해결책을 빠르게 찾아낸 덕에, 근력이나 두뇌 활동을 개발할 필요성을 전혀 느끼지 못했을 터다. 우리의 근육과 뇌는 전체 에너지 소비량의 대부분을 차지한다. 식물은 더 실용적이었던 것 같다. "노 브레인, 노 프라블럼"이라는 모토대로, 그들은 자유로웠다. 그리고 짝 찾기의 유연성 부족 문제에서도 확실한 해결책을 빨리 찾아냈다. 바로 자웅동체다!

생식은 일반적으로 다소 역설적이다. 필사적으로 '올바른' 짝을 찾은 다음, 모든 유전자를 무작위로 섞어 우연히 '유리한' 조합이 나오기를 기대한다. 절반(암컷)만이 자손을 낳을 수 있어서 생기는 역설이다. 확실히 비효율적이다. 진화생물학에서는 이런 비효율을 '수컷의 비용'이라는 용어로 설명한다. 모두가 암컷인 무성생식 집단은 순전히 수학적으로만 보면 생식 성공률이 두 배다. 현재의 지식에 따르면, 그럼에도 수컷은 존재할 특정 권리가 있다. 식물계에서 90퍼센트가 넘는 종이 암술과 수술을 모두 가졌다. 그러면 당연히 짝을 찾기가 어렵지 않으므로 나름의 의미가 있다. 조금만 더 깊이 들어가보면(약속하건대 이 이야기는 6장에서 다시 다룰 것이다!), 더러는 두 가지 성이 별도의 꽃으로 존재하는 식물도 있지만, 대개는 같은 꽃 안에 함께 있다. 따라서 생식기에 관한 한, 식물에는 없는 것이 없다. 그러므로 우리는 비교적 편협하고 인간 중심적인 성적 이원론의 범주에 식물을 끼워 넣으려는 시도조차 해선 안 될 것이다(이쯤 되면 방에 있는 관상용 식물에 무지개 깃발을 꽂아도 되겠다).

요약하자면, 최초의 육상식물은 이미 광합성을 가방에 챙겼으므로 뇌와 근육, 성별 구분 같은 값비싼 추가 기능은 가방에 넣지 않았을 터다.[2] 그들은 새로운 세상을 탐험하는 데 필요한 새로운 능력

◎ 　물론, 성별이 구분된 식물도 있기는 하다. 쐐기풀, 은행나무, 일부 대마 종은 수컷이거나 암컷이다. 그렇더라도 이런 '성별 구분'은 표준이 아니라 예외일 뿐이고, 유전적으로 결정되지도 않는다. 연구에 따르면, 어떤 식물은 외부 영향에 의해 '성별'이 정해진다.

에 귀중한 에너지를 쏟고자 했다. 그들을 성공으로 이끈 대표적인 세 가지 능력이 있었다. 타자와의 (화학적) 소통, 시간 인식, 일종의 '기억력'.

식물이 특정한 것을 '기억'할 수 있다는 사실은 여러 사례에서 입증된다. 예를 들어, 해바라기의 움직임에서 눈으로 확인할 수 있다. 해바라기는 아침에 꽃 머리를 동쪽으로 뻗고 해를 따라 서쪽으로 (일몰까지) 이동한다. 그리고 밤에는 다시 꽃 머리를(여담인데, 해바라기 꽃은 데이지와 마찬가지로 수백 개의 개별 꽃으로 이루어져 있다) 동쪽으로 돌린다. 이는 이 식물이 단순히 맹목적으로 빛을 따르는 것이 아니라, 해의 움직임을 예상할 수 있음을 보여준다. 해바라기는 해의 움직임을 '기억'하고 있고, 다음 날 아침 해가 어디서 떠오를지 알고 있다! 자귀나무 역시 잎의 움직임에서 기억 저장소가 내장되어 있음을 알 수 있다. 이 나무는 12시간 주기로 잎을 접었다 편다. 밤에는 두 잎을 접고, 낮에는 다시 펼친다. 이 식물을 깜깜한 곳에 두더라도 며칠 동안 이렇게 접었다 펴며 리듬을 탈 것이다. 마지막으로 한 가지 예를 더 들면, 일부 식물의 씨앗은 낮의 길이에 따라 발아를 활성화하거나 일종의 동면에 들어간다. 겨울처럼 낮이 짧으면 씨앗은 휴면 상태가 된다.

연구자들은 실험실에서 타이머로 짧은 낮을 시뮬레이션하여 식물의 반응을 연구한다. 낮이 짧은 조건에서 식물을 키우면, 흥미롭게도 이 정보가 '자손'에게 전달된다. 이런 엄마식물의 씨앗은 자동으로 겨울잠을 자고, 몇 달 후에야 싹을 틔운다. 어느 계절에 파종하느냐는 중요하지 않다. 그들은 오직 엄마가 알려준 낮의 길이만 기억한다.

내가 직접 실험하여 알아낸 사실인데, 식물은 과거에 병원균에 감염되었던 일도 기억할 수 있다! 유해한 탄저균에 감염되었다가 회복된 오이는 나중에 이 병원균을 다시 만나면 더 강하고 빠르게 면역 반응을 보인다. 심지어 완전히 새로 난 잎도 같은 반응을 보인다.

그러므로 대체로 식물은 특정한 것을 기억하여 자기에게 이롭게 이용한다고 추론할 수 있겠다. 행동 연구에서는 이를 '유익한 적응 행동'이라고 부른다. 그리고 이런 행동은 전통적으로 동물에게서 나타난다. 어떤 사람들은 아마 여기서 식물의 '지능'이 드러난다고 말할 것이다. 하지만 너무 성급해지지 말자. 누가 '지능'을 가졌는지 여부는, 인간의 허영심이 발명하고 지배하는 과학계에서 매우 민감한 주제이고, 별도의 장을 할애해야 할 만큼 가치가 있다.

시간 간격의 인식 및 측정 역시 식물계에 꽤 널리 퍼져 있는 것 같다.[3] 베고니아 씨앗은 낮이 충분히 길어질 때까지 휴면 상태에 있다. 12시간 동안 어둠이 지속되면 씨앗은 발아하지 않는다. 밤이 8시간 이하로 짧아지면, 씨앗은 휴면 상태에서 깨어나 발아한다. 즉, 베고니아 아기는 네 시간의 차이를 인식한다. 여기서 끝이 아니다. 실험실에서 17시간 밤 주기 동안 다양한 시간대에 30분씩 빛을 비춰 씨앗을 '깨웠다'. 그 결과, 한밤중에 깨어났기 때문에 발아율이 50퍼센트에 그쳤다. 17시간 밤의 처음과 끝이 방해를 받으면 발아율이 낮아진다! 최악의 알람은 취침 시간 중간에 울리는 것이었다. 다시 말해, 베고니아 씨앗은 밤의 길이를 인식할 수 있을 뿐만 아니라, 밤이 얼마나 '깊었는지'도 꽤 정확히 구별할 수 있다. 그리고 베고니아 씨앗도, 나와 마찬가지로, 깊은 잠에 빠져 있을 때 알람이 울리는 것을 좋아하지 않는다.

어떤 식물은 단지 몇 분이 아니라 몇 년을 헤아릴 수 있다. 1년생 식물은 첫해에 꽃을 피우지만, 모든 2년생 식물은 첫해에 잎만 만들고 그 이듬해에 꽃을 피워 씨앗을 만든 후 죽는다. 당근, 파, 파슬리, 양배추 등 대다수 채소가 후자에 속한다. 어떤 식물은 개화기를 좀 더 기다려야 할 수도 있다. 다소 원시적인 식물로 돌아가면, '백년 식물'이라 불리는 용설란은 약 50년 후에 꽃을 피우고 죽는다. 어떤 외부 알람이 이 식물에게 그런 신호를 줄까? 이는 아직 확실하게 밝혀지지 않았다. 용설란은 원시시대부터 다양한 환경에서 이런 행동을 보여왔기 때문에, 현재는 환경적 영향보다는 '내부 신호'가 있을 것이라고 본다. 실제로 식물의 이른바 '노화', 즉 유전적으로 제어되는 내장된 노화 과정은 놀라운 신비다. 7월이면 비밀 신호에 따라 밀밭 전체가 꽃을 피우고, 이삭이 여물고, 동시에 죽는 것을 우리는 매년 본다. 최적의 성장기 한가운데에 있는데도 그들은 일제히 죽는다. 이는 불필요한 에너지 낭비를 막기 위한 식물의 의식적인(?), 유익한 적응 행동이다. 다음 세대가 이미 준비되어 있으니 괜찮다.

어쩌면 당신이 키우는 관상용 식물을 사례로 이것을 증명할 수도 있으리라. 어떤 식물은 수년간 멋진 모습을 유지하지만, 어떤 식물은 당신 곁에서 12일을 버티지 못한 경우도 있을 것이다. 원인은 분명 당신이 얼마나 잘 돌봤느냐에 달렸을 테지만, 식물도 언제 죽을지 스스로 결정할 수 있다. 만약 식물이 스스로 죽음을 조절하고 통제할 수 있다면, 그것이야말로 정말 불멸이 아닐까?

불멸의 담쟁이

얼마 전에 나는 몬테네그로의 바르(Bar) 근처에서 '스타라 마슬리나'라는 아주 오래된 올리브나무를 보았다. 아마도 유럽에서 가장 오래된 식물일 테고, 과학적 연구와 입구 왼쪽에 놓인 표지판에 따르면, 적어도 2,200살이 넘은 것으로 추정된다. 그리고 가장 멋지게도 이 나무는 여전히 올리브를 생산한다! 이 나무가 겪었을 온갖 일을 기꺼이 상상하게 된다. 예를 들어, 기독교의 부상, 베네치아공화국의 지배, 오스만제국으로의 편입, 전화 발명, 최초의 〈스타워즈〉 방송 등. 오늘날 우리 삶에 흔적을 남긴 모든 사건을 이 나무도 당연히 겪었다. 고목의 수관이 제공하는 지름 10미터의 넓은 그늘에 앉아, 자신이 얼마나 작고 하찮은 존재인지 깨닫는 기분은 꽤 괜찮다. 이 오래된 올리브나무는 불행히도 잘 지내지 못한다. 가뭄과 더위에 힘들어한다. 몬테네그로 정부가 이 나무를 보호수로 지정한 1957년 이후에야 비로소 필수 관개시설이 새롭게 마련되었다. *힘내라고 응원해주자!* 아마도 이것은 이 고목이 극복해야 하는 첫 번째 위기는 아닐 것이다.

　　식물들은 건강하고 활력을 유지하기 위해 끊임없이 스스로를 재생한다. 낙엽은 식물이 수백 번의 재생과 자원 절약(!)을 위해 매년 거행하는 수많은 작은 죽음과 작별의 아름다운 예다. 가을에 나뭇잎 색이 바뀔 때, 식물 내부에서는 정밀하게 조율되고 계획된 생리학적 불꽃놀이가 일어난다.[4] 잎 세포는 엄청난 생화학적 재설정을 진행하고, 작업을 재분배하고, 매우 짧은 시간 안에 생산자에서 소비자로 전환된다. 이전에는 빛을 에너지로 변환했지만, 이제는 공급망에 보냈던 녹색 에너지 일부를 되돌려받아 새로 발달하는 식물 기관에 자원을 재분배한다.

　　잎이 이산화탄소 처리 작업에서 양분 운송으로 업무를 전환하는 일은 간단한 일이 아니다. 이때 심지어 엽록소도 재활용된다! 엽록소는 너무 복합적인 분자라, 그냥 땅에 떨어뜨려 '사라지게' 할 수가 없다. 그래서 엽록체(이게 뭐였는지 생각나지 않으면 앞부분을 잠깐 들춰 보시라)를 아주 깔끔하게 하나씩 각각 분해하여 다음 파티 시즌까지 보관한다. 이 과정에서 멋진 색상의 향연이 열린다. 엽록소가 분해되면서 카로티노이드 및 여타 색소가 나타나 환상적인 색상 잔치가 펼쳐진 다음, 우리에게도 좋은 겨울 휴식이 시작된다.

　　오늘날 잘 알려졌듯이, 소위 '전사 인자'라는 단백질 무리가 식물의 노화 과정을 계획하고 실행한다. 전사 인자는 모든 유기체 안에서 현재 활성화할 유전자를 결정한다. 그들은 DNA의 특정 영역인 '촉진유전자'에 결합하여 유전자 활동을 증가 또는 감소시킨다. 작은 전사 인자들이 잎 세포를 부지런히 돌아다니며, 예를 들어 엽록소

분해에 필요한 유전자를 활성화한다. 그리고 광합성 기관의 유전자들은 퇴직 처리한다. 작업이 끝나면 잎이 떨어지고 그와 동시에 다시 만들어지기 시작한다. 봄이 되면 잎눈에서 파릇한 잎이 다시 무성하게 돋아난다. 식물의 나이가 두 살이든 200살이든 상관없다. 앞에서 간략히 다뤘듯이, 식물이 이런 능력을 발휘할 수 있는 것은 특별한 줄기세포 덕분이다.

그런데 다른 조직이 죽는 동안에도 끊임없이 새로운 조직을 '생성'할 수 있고, 인간의 뇌와 같은 중앙통제기관이 없다면, 식물의 '불멸'은 도대체 무슨 의미가 있을까? 이론적으로 볼 때, 떨어진 잎 하나가 어딘가에서 새로운 생명을 시작하여, 원래 식물에서 나온 세포가 하나도 없는 독립된 큰 나무로 자랄 수 있다. 이런 '불멸'이 과연 의미가 있을까?

이 문단을 쓰면서 나는 방구석에 놓인 담쟁이를 의심스러운 눈빛으로 흘깃 쳐다본다. *넌 어디에 살다 왔니?* 독일의 풍자작가 얀 뵈머만(Jan Böhmermann)이 ZDF 방송의 〈마가친 로얄레(Magazin Royale)〉에 출연하여, 관상용 식물의 대규모 '복제'를 권장한 이후로,[5] 나는 꺾꽂이 번식을 실험해보고 싶어졌다. 식물은 인간과 달리 기본적으로 유성생식과 무성생식, 두 가지 번식 전략을 쓴다. 유성생식은 벌과 꽃의 일인데, 이것은 6장에서 돋보기로 또는 현미경으로 자세히 살펴보기로 하자. 무성생식은 식물의 재생 능력과 회춘 능력을 기반으로 한다. 이런 능력 덕분에 식물은 생물학적 리셋 버튼을 누를 수 있다. 무성생식에서는 식물의 기관 일부를 떼어내 다시 뿌리를 내리게 하거나 땅에 묻는다. 어떤 기관을 떼어냈느냐에 따라 다양하고 때로는 모호한 용어가 사용된다. 꺾꽂이, 눕혀서 뿌리내리기, 겹겹이, 접목, 삽목, 분지, 구근, 잎꽂이, 잎눈꽂이 등등.

관상용 식물 대다수는 신체 일부를 절단하는 방식으로 번식되어 판매된다. 그리고 장담하는데, 이런 식의 복제 시장 규모가 수십억 달러에 달한다! 일부 농작물 역시 이런 방식으로 재배된다. 이를테면, 감자와 마늘, 바나나, 아스파라거스 등은 '씨 없는' 방식으로, 다시 말해 무성생식으로 번식되고 재배된다. 이 방식은 매우 이로운데, 수확 주기를 단축할 수 있고, 파종과 발아 과정을 다시 거칠 필요가 없기 때문이다. 게다가 이렇게 번식된 식물의 모든 '자손'은 유전적으로 동일하여(클론!), 특성 역시 매우 동일하고 신뢰할 수 있다. 섹스가 어째서 일종의 도박인지, 우리는 앞에서 이미 다뤘다. 좋아하는 감자를 정확하게, 똑같이, 실용적으로, 쉽게 복제할 수 있는데, 굳이 유전자를 가지고 룰렛 게임을 할 이유가 뭐란 말인가?

알다시피 가계도가 유전적 변화 없이 같은 자리를 맴돌면 결국 문제가 발생한다. 우리는 식물의 유전적 다양성을 감소시키고 단일화함으로써 식물의 특기인 탁월한 적응력을 없애고 있다. 물론, 방 한편의 거의 같은 조건에서 자라는 나의 담쟁이는 이따금 화분을 갈아주고 넝쿨을 손질해주기만 하면, 적응을 위해 변화할 필요가 없다. 나의 담쟁이는 자기에게 맞는 생태 보금자리를 찾았다. 하지만 누군가가 난방을 최대로 높이거나, 천장을 뜯어내거나, 매일 10리터씩 물을 준다고 상상해보라. 그러면 담쟁이는 당연히 적응을 위해 변하고 싶으리라. 그런데 이와 비슷한 일이 내 방이 아니라 지구에서 지금 벌어지고 있다. 그리고 밖에서 자라는 재배식물들은 매일 엄청난 변화를 겪고 있다.

유전적 번식과 변이를 통해 다양하고 다채로운 새로운 특성을 만들어내는 품종 개량 방식을 다루기에 앞서, 식물의 노화 과정을 잠시 살펴보자. 대부분의 경우 식물은 매우 특정한 시기에 자발적으로 분자생물학적 차원의 노화를 시작한다. 관련 지식이 증가하면서 우리는 재배식물에도 일종의 '수명 연장 조치'를 취할 수 있게 되었다. 무슨 얘기인가 아리송하겠지만 끝까지 들어보라. 기온이나 가뭄 같은 외부 영향이 식물을 자극하여 훈련된 대로 꽃을 피우거나 죽게 한다. 기후 위기에서 이런 외부 자극은 사실상 예측이 불가능하고, 극단적 기상 조건이 미치는 직접적 영향만으로도 우리의 농업이 위협받는다. 따라서 식물세포의 미니쿠퍼(전사 인자!)를 재조정하여 식물이 너무 일찍 단명하지 않게 품종을 개량하는 것이 한 가지 접근 방식이다. 담당 유전자를 조절하면 가뭄 스트레스를 받는 농작물의 생산성을 실제로 높일 수 있다는 사실이 실험실에서 독립적으로 여러 차례 입증되었다.[6]

우리가 수 세기에 걸쳐 식물에서 제거한 적응력 일부를 되돌려주는 데 필요한 도구를 우리는 가지고 있다. 노화의 지연 외에도, 오랫동안 무시된 식물의 다른 초능력이 한두 가지 더 있다. 식물이 어떻게 지금의 상태가 되었는지 그리고 재배식물과 야생식물이 이토록 다른 이유를 이해하려면 먼저 처음으로 돌아가야 한다. 인간과 식물이 처음으로 진지하게 교류하기 시작했던 시기로 돌아가야 한다. 인류가 정착 생활을 시작한 때, 1만 년도 더 지난 신석기 혁명 때로 돌아가보자.

쓰레기 더미 가설

연구자들 대부분은 농업과 인간의 취향에 맞춘 식물 재배가 비옥한 초승달 지대에서 시작되었다고 믿는다. 비옥한 초승달 지대라 불리는 중동의 이 지역은 현재의 아나톨리아 동부에서 시작하여 이라크, 시리아 북부, 레바논, 이스라엘, 팔레스타인을 거쳐 요르단까지 뻗어 있었다. 문헌에 따라 약간씩 다르지만, 약 9,500년에서 1만 2,500년 전에 인간은 사냥하는 유목민 생활을 접고 농사를 짓는 정착 생활로 전환했다. 이런 일이 왜, 어떻게 일어났는지 설명하는 이론은 두 진영으로 나뉜다. 한쪽은 인간과 동식물의 대체로 무의식적이고 상호적이고 느린 공진화를 가정하고, 다른 한쪽은 인간의 지능이 발달하면서 '야생 본성'이 비교적 빠르게 길들여졌다고 가정한다. 나는 첫 번째 가정을 감탄사 한마디로 요약하여 '어머!'라고 부른다.

두 번째는 '아하!'에 가깝다.

'어머−시나리오'에 따르면, 인간과 동식물은 시간이 지남에 따라 서서히 일종의 상리공생 관계에 들어갔다. 생태학에서 상리공생이란 두 종이 상호 이익을 위해 한 팀이 되는 것을 말한다(하지만 한

틈으로 공생한다고 해서 반드시 공간적으로 가까이 살아야 하는 건 아니다). 예를 들면, 꽃꿀을 생산하는 식물과 수분 매개자, 개미와 진딧물, 참나무와 어치, 코뿔소와 그 등에 기묘한 자세로 앉아 기생충을 잡아먹는 소등쪼기새가 이런 공생 관계에 있다. 인간과 식물은 수천 년에 걸쳐 이와 비슷한 방식으로 '더욱 가까워졌을' 터다. 그러다가 어느 정도 안정적인 의도치 않은 업무 분담이 이루어졌다. 식물은 인간에게 과일과 곡물을 주고, 인간은 식물을 돌보고 번식시켰다.

어머-시나리오는 그 옛날에 단일밀, 에머밀, 야생보리 같은 곡물과 렌틸콩, 병아리콩 같은 콩이 인기를 누린 이유를 설명해준다. 아마도 당시 인간의 생활 방식이 '우연히' 이런 식물들에게 유익한 생태 보금자리를 제공했을 것이다. 이런 보금자리 구축 이론에 따르면, 인간의 활동이 모든 다른 종의 활동과 마찬가지로 필연적으로 생활 환경을 변화시켰고, 그 결과 다른 종의 진화에 영향을 미쳤다.

이런 사례는 동물계와 식물계에 무수히 많다. 비버 댐, 두더지 언덕, (덜 분명하지만) 일부 침엽수에 의한 토양 산성화가 초래한 명확한 경관 변화를 생각해보라. 물론, 모든 생명체는 어딘가에서 생태 보금자리 구축에 영향을 미치고, 모든 종은 이런 방식으로 둥지를 튼다. 그러므로 인간의 벌목으로 풀들이 이익을 얻었고, 그 덕분에 인간의 식단이 흥미로워졌다고 주장할 수도 있겠다(가장 인기 있는 이론이다).

야생의 곡물 및 콩이 팔레오 식단에 추가된 이유에 대한 또 다른 설명은 '쓰레기 더미 가설'이다. 1916년 초에 공식화된 이 가설에 따르면, 농작물은 쓰레기 더미를 포함한 인간 거주지 주변에 정착한 야생식물에서 진화했다. 인간의 채집 활동에 의해 식물과 식물의 일부(꺾꽂이!)가 인간의 거주지로 옮겨져 석기시대의 쓰레기장에 버려졌을 수 있다. 인간의 집단 거주지 근처 토양은 배설물, 도축 폐기물, 음식 쓰레기 등을 통해 언제나 살짝 '양분 과잉 공급' 상태였을 테고, 일부 식물은 그곳에서 특히 안락함을 느꼈을 것이다.◎ 이들 최초의 재배 희망자들은 아마도 오늘날 보도블록, 버스 정류장, 폐허 틈새에서 자라는 야생식물들처럼 대단히 강인했을 테고, 당시에 농작물 확대에 특히 적합해 보였다. 쓰레기 더미 가설에 따르면, 인간은 이런 식으로 어떤 선견지명도 없이 재배에 적절한 식물 종을 거주지 한복판으로 가져올 수 있었다. '어머!'라는 감탄사와 함께.

'아하―시나리오' 지지자들은 식물 재배의 시작을 인간의 커다란 뇌 덕분에 자연스럽게 가능해진 의식적 행위로 본다. 호모사피엔스는 지식에 기초하여 의도적으로 야생식물을 체계적으로 선택하기 시작했고, 이는 생물학적 점진적 변화가 아니라 한 번의 에피소드로 발생한 사건이었다. 여기에 놓인 신석기 혁명의 이정표는 인간의 행동 변화다. 주변의 자연을 새롭게 인식하고 세심하게 관찰하는 것도 이런 행동 변화에 포함된다.

다시 말해, 야생식물이 재배식물로 길들여진 것은 인간과 식물의 공존을 통한 '자동적'이고 우연한 발전이 아니라, 인간의 지능이 높아진 결과였다. 인간은 가장 잘 자라고 영양가 높은 식물을 의식적으로 선택하여 재배했고, 가장 우수한 자손을 선발했고, 가장 유망한 종을 만들어냈다. 한마디로 인간은 실험했다. 이는 완전히 새로운 접근 방식이었고, 살짝 자화자찬이기는 하지만, 얼토당토않은 헛소리는 절대 아니다. 곡물과 렌틸콩의 기원은 어쩌면 '어머-이론'으로 설명될 수 있지만, 빵밀의 기원은 그렇지 않다. 빵밀은 야생식물이었던 적이 없다. 빵밀은 다양한 야생 품종의 (아마도) 의도적인 교배를 통해 만들어졌다.

'어머!'와 '아하!' 두 이론 모두 기본적으로 과학적 사실에 기초하고, 과학이라는 이름에 걸맞게 훌륭한 방식으로 서로 경쟁한다.[7] 두 이론의 접근 방식을 비교할 때 금세 명확해지는 것처럼, 진실을 위해 투쟁할 때는 과학적 렌즈뿐 아니라 사회문화적 렌즈를 통해서도 살펴야 한다. 아직 이해해야 할 것이 많이 남았으니, 이쯤에서 다양한 분야의 전문가들을 한자리에 모아 의견을 듣는 것이 좋겠다! 석기시대의 새로운 혁명가들이 풍경과 식물 왕국을 크게 변화시켰다는 사실은 논쟁의 여지가 없다. 토지 개간, 화전 일구기, 가지치기, 밭갈이, 파종, 여타 활동을 통해 우리 인간은 처음부터 야생식물을 조작했다.

오늘날 우리는 지질학, 생태학, 고대식물학 데이터를 이용해 석기시대 식물 군집이 어땠는지 재구성하고, 이 정보를 기존의 기후 데

이터와 비교할 수 있다. 이런 식으로 우리는 오늘날의 농업을 위해 먼 옛날로부터 무언가를 배울 수 있다. 예를 들어, 안드레아 미바흐(Andrea Miebach)와 한나 하르퉁(Hannah Hartung)은 한 팟캐스트에서, 지질학과 고대기후학으로 원시 토양에 대해 무엇을 알아낼 수 있는지 설명한다.[8] 그리고 두 연구자는 그 외에도 정말 많은 것을 우리에게 알려준다! 예를 들어, 퇴적물에 갇힌 꽃가루를 통해 특정 식물 종의 분포와 빈도를 도출할 수 있다. 한나 하르퉁의 설명에 따르면, 갈릴리해에 화석으로 남은 규조류의 구성을 통해 당시 기후를 알 수 있을 뿐 아니라, 인간 활동이 초래한 '거름 과잉'에 대한 정보도 얻을 수 있다. 정말 흥미진진하다! 하지만 샛길로 빠지진 말자.

인간이 자연을 변형하는 일은 원칙적으로 비난받을 일이 아니라는 주장을 계속 이어가보자. 식물과 달리, 당시 개체수 면에서 그다지 중요하지 않았던 두 발로 걷는 동물은 여느 다른 동물과 마찬가지로 생태 보금자리를 찾고 있었다. 다만 두 발로 걷는 동물은 놀라울 정도로 큰 뇌의 회백질을 사용해 식물 특성의 유전을 더 잘 이해했고, 이 지식을 이롭게 활용했다. 이것을 체계적으로 연구한 최초의 사람이 바로 오늘날 체코 브르노에 있는 성 토마스 수도원의 한 수사였다.

야생 잡초 길들이기

방금까지 원시시대 식물 이야기를 하고 있었는데, 벌써 멘델이 라니, 너무 빠른 거 아닐까? 맞다, 우리는 추월 차선에서 다소 빨리 달리고 있다. 농업의 시작부터 약 200년 전에 살았던 그레고르 멘델(Gregor Mendel)까지, 약간 지그재그로 세 번의 점프가 있었다. 아무튼, 이 책을 함께 읽어가려면, 기본 용어 몇 가지를 먼저 명확히 할 필요가 있을 것 같다. 앞으로 우리는 특히 식물끼리의 소통, 동맹과 적, 인간과 식물의 공진화를 다룰 때, '유전자', '저항력', '돌연변이' 같은 용어를 계속 접하게 될 것이다. 이런 용어의 의미를 명확히 이해하지 못하면, 이 책의 재미가 반으로 줄 것이다. 정말이다. 그리고 이 셋 중에서 적어도 두 개는 멘델이 성 토마스 수도원 정원에서 완두콩 실험을 체계적으로 진행했을 때 비로소 진정한 의미를 갖게 되었다.

오늘날까지도 몇몇 수험생에게 "뭔 소리야?"라는 반응을 일으키는 멘델의 유전법칙은 식물의 모든 새로운 특징을 길러내는 데 기초가 된다. DNA의 정확한 구조가 밝혀진 때◎보다 오래전에 수도

◎ 일반적으로 두 명의 과학자, 제임스 왓슨(James Watson)과 프랜시스 크릭(Francis Crick)이 DNA 구조를 해독한 사람으로 통한다. 이들은 1962년에 이 공로로 노벨상을 수상했다. 하지만 이는 실제로는 생화학자 로잘린드 프랭클린(Rosalind Franklin)이 유명한 이중나선 구조의 중요한 엑스선 사진을 찍어 획기적 발견의 토대를 마련한 직후였다. 프랭클린과 그녀의 박사과정생인 레이먼드 고슬링(Raymond Gosling)은 그들의 선구적 업적을 전혀 인정받지 못했다.

자이자 열정적 아마추어 정원사였던 멘델은 완두콩의 꽃 색깔을 실험했다. '유전학의 아버지' 멘델은 작은 농장주 집안에서 자랐고 어렸을 때부터 농업을 체험했다. 그는 똑똑한 소년이었다. 원래는 외아들인 그가 부모의 농장을 물려받아야 했지만, 멘델은 학자가 되기를 열망했다. 결국, 그의 처남이 농장을 운영했고, 멘델은 적어도 학비 일부를 누나 테레사의 (줄어든) 상속 재산에서 지원받았다. 그러나 곧 건강 문제와 재정적 어려움으로 철학 공부를 포기하게 되었고, 멘델은 아우구스티누스 수도회에 들어갔다. 지금의 체코 브르노에 있는 이 수도원에서 그는 교사와 식물학자라는 두 가지 역할을 맡았고, 1856년부터 일련의 교배 실험에 전념했다. 그때까지 유전은 대략 매점에서 과자를 맘대로 골라 담을 수 있는 봉지 같다고 이해됐다. 모든 것을 한곳에 섞으면, 거기서 뭔가 의미 있는 것이 나올 것이다! 교배로 얻은 자손은 항상 부모 둘 다의 혼합이라고 생각하는 이런 '혼합유전'을 멘델은 완두콩 꽃을 통해 매우 빠르게 반박할 수 있었다. 그는 꽃 색깔, 식물 크기, 꼬투리 모양 같은 특성이 수학적 규칙에 따라 발현된다는 것을 발견했다. 멘델은 완두콩 수만 개를 수작업으로(!) 교배한 후, 자신의 이름을 딴 유전법칙을 만들었는데, 그 내용은 대략 다음과 같다.

- 특성이 서로 다른 부모의 자손들은 반드시 두 특성이 혼합되는 것이 아니라, 부모 중 한 명의 특성만 보일 수 있다('우열의 법칙').
- 한쪽 부모의 특성이 그사이에 어찌어찌 사라졌더라도, 이 자손의 자

손들은 두 조부모의 특성을 보일 수 있다('분리의 법칙').

- 색상, 모양, 크기 같은 여러 특성이 한꺼번에 유전되지 않고, 다음 세대에 따로따로 다시 혼합된다('독립의 법칙').

그 당시에 이미 멘델은 교배 쌍으로부터 자손에게 전달되는 '보이지 않는 요소'가 있고, 둘 중 더 우세한 쪽이 자신을 드러낼 수 있다고 말했다. 오늘날 우리는 이런 보이지 않는 요소가 유전자라는 사실을 알고 있다. 그리고 그것들은 (순리를 따르면) 서로 다른 버전('대립유전자')으로 유전되는데, 그중 하나는 '우성'이고 다른 하나는 '열성'이다. 멘델의 유전법칙을 더 자세히 명확하게 알고 싶다면, *뻔뻔스럽지만* 나의 첫 번째 책인 《모든 것이 바이오-당연히(Alles bio-logisch)》의 두 번째 장을 추천한다.[9] 어쨌거나 이 책과 함께 책장에 꽂아두면 아주 멋져 보일 것이다.

멘델 덕분에 우리는 유전법칙을 잘 이해하게 되었고, 식물을 훨씬 더 효과적으로 길들일 수 있게 되었다. 기억을 돕기 위해 다시 말하건대, 인간은 이미 수천 년 동안 원하는 대로 식물을 교배하고 선택해왔다. 하지만 몇 가지 기본 법칙만 알아도, 훨씬 더 현명하게 계획을 세울 수 있다. 여러 특성을 결합할 때라면 특히 더 그렇다. 앞에서 언급한 독립의 법칙은 식물 재배자들을 정말 화나게 할 수 있다. 왜냐고? 글쎄, 혹시 루빅스 큐브를 처음 시도했던 때를 기억하는가?

유명한 루빅스 큐브 퍼즐의 한 면을 맞추는 것은 비교적 쉽다. 하지만 그다음은? 두 번째 면을 맞추기 위해 돌리고 이동시킬 때마다 이미 맞춰놓은 첫 번째 면이 망가진다. 유튜브에서 튜토리얼 영상을 몇 개 시청하거나 눈을 감고도 루빅스 큐브를 잘 맞추는 내 친구 티모스에게 도움을 요청하면, 스트레스 없이 큐브의 두 번째 면을 맞출 수 있다. 이렇게 하려면 몇 가지 규칙을 따라야 하는데, 멘델의 유전법칙에서도 정확히 그렇다. 예전에는 유전학 큐브를 어린아이처럼 그냥 이리저리 돌리며 놀았지만, 오늘날의 우리는 식물 재배 분야의 티모스와 같아서 환상적인 품종을 선택하고, 교배하고, 조합할 수 있다.

우리는 이 새로운 능력을 '녹색 혁명'에도 활용하여, 농작물의 생산성을 높이고 전례 없는 수확량 증가를 이룩했다. 기존 품종들을 개량하여 바람에 휘지 않는 짧은 줄기의 곡물을 '조합'해냈고, 광물 비료를 함께 사용하여 생산성을 높였으며, 영양실조와 조기 사망률을 크게 줄일 수 있었다. 그러나 그와 동시에 침식, 생물 다양성 감소, 토양 및 지하수 오염, 온실가스 등과 같은 집약 농업의 부정적 영향이 명백해져, 현재 우리는 인내심을 갖고 힘겹고 절실하게 타협안을 찾고 있다. 우선, 한 걸음 물러나 살펴보자. 줄기가 짧은 곡물 품종이 왜 있을까? 글쎄, 농작물의 다양성은 야생의 생물 다양성과 마찬가지로, 유전물질의 작지만 정교한 변화, 즉 돌연변이에 기반을 두고 있다!

오늘날 잘 알려졌듯이, 유전정보는 유전자, DNA, 즉 유전학적 코드에 저장되어 있다. 이 코드에 쓰인 철자는 단 네 종류인데, 인간의 경우 이 네 종류의 철자가 약 32억 개에 이른다. 완두콩은 약

45억 개에 이른다. *보라, 이제부터는 멍청하다고 놀릴 때 뇌가 완두 콩만 하다고 하면 안 된다!* 이런 철자 열에서 어떤 철자가 교환, 삽입, 제거되는 것을 돌연변이라고 한다. 돌연변이는 우연히, 예를 들어 자외선 차단제를 깜빡하고 바르지 않았을 때처럼 '자연적으로' 발생할 수도 있고, 유성생식이나 인간의 개입으로 발생할 수도 있다. 어쨌든 '돌연변이'는, '철자 수프 휘젓기'라고 불리는 데서 짐작할 수 있듯이, 가장 오래된 적응 방법에 속한다. 돌연변이가 없으면 생물 다양성도 없다고 말해도 과언이 아닐 것이다. 모든 동물, 모든 식물, 모든 딱정벌레, 모든 박테리아는 진화 과정에서 자기만의 생태 보금 자리를 찾았고 그곳에 적응했다. 돌연변이가 없으면 적응도 없고, 적응이 없으면 생존도 없다. 그러므로 유전물질의 돌연변이는 실제로 생존에 필수다.

DNA의 작은 '철자 오류'는 생명체에 극적인 결과를 초래할 수 있고 초래해야만 한다. 우리가 책을 읽듯이, 세포는 유전정보를 읽는다. 왼쪽에서 오른쪽으로, 띄어쓰기와 구두점까지 모두. 따라서 그럴 듯한 문장에 철자 하나만 삽입되어도 갑자기 이상해질 수 있다.

- 원문: ARAGORN IST HÜBSCHER ALS LEGOLAS. (아라곤은 레골라스보다 멋있다.)
- 돌연변이: ARRAGOR NIS THÜBSCHE RAL SLEGOLA S.

맞춤법에서는 작은 오류 하나에 불과하지만, 엘프 팬들에게는 극적인 사건일 것이다. 철자가 하나씩 뒤로 밀리면서 이 문장은 우리에게 더는 의미가 없게 되었다. 그러나 예를 들어 식물 유전자를 '교란'하는 경우라면, 이것은 유전자 차원에서 완전히 의도적일 수 있다. 물론, 그 반대의 경우도 마찬가지다. 유전자 기능(가독성)의 결함이 돌연변이를 통해 교정될 수 있다. 다음 두 가지 예를 통해 직접 시도해보라. 예문 1의 두 번째 자리에 R을 삽입하고, 예문 2의 첫 번째 단어에서 D를 제거하라. 띄어쓰기는 그대로 유지하고, 이동할 철자는 뒤로 또는 앞으로 밀린다.

- 예문 1: OKSS INDE IGENTLICHA UCHN URE LBEN.◎
- 예문 2: DIC HHOFF ED UHAS THER RDE RRING EGELESE N.◎◎

직접 해보니 어떤가? 유전자 조작이 재밌었나? 20세기 중반에 연구자들이 한 일이 바로 이것이다. 그들은 핵에너지의 성과를 다시 긍정적으로 입증하기 위해 노력했다. 예를 들어, 미국과 유럽에서는 방사선에 노출된 씨앗의 돌연변이율이 더 높은지, 그래서 새로운 식

◎ 풀이: ORKS SIND EIGENTLICH AUCH NUR ELBEN(오크는 사실 그저 엘프일 뿐이다).

◎◎ 풀이: ICH HOFFE DU HAST HERR DER RINGE GELESEN(당신이 반지의 제왕을 읽었기를 바란다).

물 특성을 가질 잠재력이 있는지 확인하는 연구를 했다. 약간 거칠게 들리고, 그 효율성이 대략 볼풀에서 산탄총을 쏘는 정도였지만, 연구는 정말로 성공적이었다. 방사선 돌연변이는 주로 이상한 기형 식물을 만들어냈지만, 일정 확률로 새로운 '개량 식물'도 만들어냈다. 먼저, 번식이 다소 빨라질 수 있었다. 목표를 정확히 달성한 건 아니지만, 적어도 더는 진화를 기다릴 필요가 없었다. 루빅스 큐브 비유로 말하면, 우리는 이 기술로 마법사의 제자들처럼 손가락을 튕겨 개별 조각의 색상을 바꿀 수 있다. 비록 아직은 어느 조각을 바꿀지 정확히 특정할 수 없지만, 어쨌든 손가락을 충분히 자주 튕기면 되지 않을까?

그러나 식물 왕국에서는 그렇게 단순하지가 않다. 우리는 멘델의 세 번째 법칙을 기억한다. 한 특성이 긍정적으로 변이했다고 해서, 그것이 반드시 식물의 나머지 부분에도 영향을 미치는 건 아니다. 따라서 무작위로 돌연변이된 식물은 방사선 샤워 후에, 원치 않는 효과는 거의 모두 제거되고 새로운 긍정적 특성은 유지되게 하는 매우 복잡한 과정으로 교배되어야 한다. 그러므로 여전히 힘든 과정이긴 해도 멘델처럼 벌과 꽃으로 교배하는 것보다는 식물의 유전에 대해 더 많은 것을 알아낼 수 있다. 오늘날에도 방사선이나 화학물질을 이용해 돌연변이를 유발하는 방법이 흔히 사용되고, 나 역시 대학교 졸업 논문에서 밀의 곰팡이 저항력을 높이는 데 이 방법을 사용했다. 특히 밀처럼 세포 내 각 유전자의 다양한 복제본이 여섯 개나 있는 복잡한 식물의 경우, 전통적 방법으로는 변형이 거의 불가능하다.

한 유전자의 모든 복제본을 조정하는 데 시간이 너무 많이 걸리기 때문이다.

지금까지 얘기하지 않는 것이 있는데, 사실 유전자 조작 없이도 개량 식물을 만들 수 있다. 특히 생태계 보존 재배에 보물처럼 묻혀 있는, 거의 무한하게 다양한 품종의 도움을 받으면 된다. 돌연변이를 일으켜 원하는 특성을 얻는 대신, 정확히 그 특성을 가진 전통적 품종을 찾아서 교배하여 새로운 작물을 만들면 된다. 밀을 예로 들면, 저항력이 좋고 튼튼한 전통적 품종과 생산성 높은 새로운 품종을 교배하는 것이다. 자, 문제가 해결되었을까?

이 자리에서는 '예니요'라고 답할 수밖에 없다. 농작물의 다양성이 진정한 잠재력을 발휘할 방법에 관해서는 나중에 다시 살펴보기로 하자. 우선, 모두의 이해도를 똑같이 맞추기 위해, 식물 길들이기의 간략한 역사 설명을 마무리하고자 한다. 그러나 이 말은 곧 '전통적 품종'과 생태계 보존 재배가 이 책의 마지막에서 더 큰 역할을 할 것이라는 약속이기도 하다. 말하자면 대단원의 피날레를 장식할 것이다. 흥미진진할 테니, 기대하시라!

1980년대 중반 이후로 우리는 식물의 현대적 품종 개량이라고 하면 주로 유전공학을 떠올렸다. 대형 종자 회사들은 유전자 변형 식물을 광범위하게 도입하고 적절한 살충제와 조합하여 전 세계에 출시하면서 명성을 떨쳤다. **그들은 새로운 기술이 약속한 경제 호황에 취해, 사회적 우려를 무시한 채 소규모 농부들을 종속 상태로 몰아넣었고, 가늠할 수 없는 생태적 결과를 전혀 고려하지 않고 한때 열대**

우림이었던 곳을 단조롭고 거대한 밭으로 바꿔 거기에 새로운 슈퍼 식물을 심었다. 이 문장에는 많은 진실이 담겨 있지만, 상당수가 순전히 포퓰리즘이고 완전히 거짓이기도 하다. 생물학을 공부하기 시작했을 당시에 나는 이 문장에서 무엇이 문제인지 전혀 이해하지 못했다. 하지만 이제는 알고 있다. 문제의 적어도 일부분은 의사소통에 있다. 과학과 산업은 의사소통 능력이 그다지 뛰어나지 못했다. 얼마 전 팬데믹이 갑자기 닥쳐, 연구자들을 주목하고 정부에 책임을 묻기 시작했던 때까지 그러했다. 주제에서 벗어난 얘기는 이만 끝내고 다시 유전공학으로 돌아가자. 과학 소통의 무기는 이때 이미 한 번 부러졌고, 나중에 다시 대대적으로 부러질 것이다.

많은 수정을 거친 2024년 독일 유전공학법에 따르면, 유전자 변형 생물(GMO)이란 "교배 또는 자연 재조합 같은 자연적 방식으로는 불가능한 유전물질 변형이 이루어진 생물이다."[10] 여기서 말하는 '자연 재조합'은 뜨거운 한낮에 일어나는 유성생식부터 우연한 돌연변이에 이르기까지, 야생에서 일상적으로 진행되는 유전자 룰렛을 말한다. 이런 룰렛은 놀라운 새 조합을 탄생시킬 수 있지만, 예를 들어 종의 경계를 넘을 수는 없다. 그리고 종의 경계를 넘는 것이 바로 최초의 유전공학연구소의 목표였다. 이를테면, 관련이 거의 없는 아주 먼 종이나 전혀 다른 생물에만 있는 특성을 식물에 이식하는 것이다. 언뜻 프랑켄슈타인 식물을 창조하는 것처럼 들리지만, 사실 자연에서 흔히 발견되는 방식이다. 여기서 벌써 유전공학법의 문구에 의문을 제기할 수 있다. 유전적 특성이 가계도에 따라 '수직으로' 자손에게 이동하지 않고, 주변에 살고 있는 유기체에게 이동하는 이른바 '수평적 유전자 이동'은, 짝짓기와 똑같이 종의 분화와 진화의 오랜 원리다. 박테리아와 세포 내 공생체(1장에서 만났던 친구다!)부터 커피천공충, 고구마에 이르기까지, 생물 세상 곳곳에서 유전물질이 활발히 교환되는 사례를 찾아볼 수 있다.

특히 유명해진 박테리아 하나가 바로 뿌리혹병의 병원균인 아그로박테리움 투메파키엔스라는 기생 박테리아인데, 이들은 다친 어린 식물을 숙주로 삼아 거기에 자신의 DNA를 주입한다. 그러면 숙주가 된 이 식물은 '외래 유전자'를 자기 유전자로 알고 아그로박테리움만이 소화할 수 있는 물질(주로 당과 아미노산)을 생산한다. 이것은 요리책을 선물로 주고 계속 자신을 저녁 식사에 초대하게 하는 것만큼이나 영리한 전략이다. 아그로박테리움 감염은 일반적으로 식물에게 극적이지 않다. 그저 과잉 생산된 양분이 '뭉쳐서' 뿌리에 혹처럼 달린다. 나무줄기에 종양 같은 덩어리가 있는 걸 본 적 있는가? 인간의 개입 없이 가장 자연스럽게 이루어진 유전자 이동이다! 수많은 작은 아그로박테리움이 그 혹 안에 살면서, 그들의 유전자에 설득되어 나무가 생산한 양분을 먹는다. 이제 당신은 다음 데이트 때 공원을 산책하며 아는 체할 거리가 하나 생겼다. 감사 인사는 접어두시라.

오늘날 실험실에서는 아그로박테리움을 길들이고, 연구 중인 유전자를 실험 식물에 이식한다. 이 기술은 특히 유전자의 기능을 알아내는 데 이용된다. 다시 말해, 유전정보와 특정 생리적 특성을 연관시키는 데 사용된다. 이러한 유전자 이식을 통해, 다양한 출신지의 유전자 조각이 유전체에 삽입된다. 그런데 우리는 이 유전자 조각이 유전체의 어느 위치에 자리를 잡을지 정할 수 없다. 이것은 고전적인 유전자 조작이고, 독일과 유럽연합에서 당연히(?) 엄격한 승인 절차와 광범위한 위험 평가를 거쳐야 한다. 유럽연합에서 재배되는 유전자 변형 식물은 현재 MON810 옥수수뿐이다.[11] 이 옥수수는 박테리아 유전자를 가졌고 곤충 저항력이 일반 옥수수보다 더 강하다. 독일은 고전적인 유전자 조작을 글자 그대로 밭에서 추방하기로 오래전에 결정했다(하지만 동물 사료, 가공식품, 바이오 디젤 등으로 유전자 조작 제품을 수입한다). 그리고 실제로 모두가 이 결정을 받아들였다. 고전적 유전공학이 다소 두려웠기 때문이다. 그런데 몇 년 전에 새로운 방법이 품종 개량에 혁명을 일으켰다.

유전자 가위와 해적

과학계에서는 흔한 일인데, 아주 획기적인 발견을 하고도 그 당시에는 그것이 얼마나 엄청난 발견인지 제대로 인식하지 못하는 경우가 많다. 에마뉘엘 샤르팡티에(Emmanuelle Charpentier)의 연구팀이 2010년경 초미세 박테리아의 유전체에서 이상한 철자 열이 반복되는 것을 발견했을 때도 아마 이랬을 것이다. 이 철자 열이 바로 '유전자 가위'의 기초다. 인상적인 이력을 가진 이 미생물학자는 당시 스웨덴 우메오(Umeå)에서 자신의 첫 번째 소규모 연구팀을 구성하여 박테리아의 면역 체계를 연구하고 있었다. 그녀는 이제 막 임용된 새내기 교수였다. 주말 출장의 여독이 채 풀리지 않은 채 맛없는 커피를 마시며 박사과정생들과 회의실에 앉아 최신 유전자 분석 결과를 살펴보다가 정말 놀라운 것을 발견했다. 나는 이 순간을 항상 즐겁게 상상한다. 그렇다, 우리가 아는 한, 박테리아에도 면역 체계가 있다. 그들도 병에 걸리고 바이러스에 감염될 수 있다. 그리고 샤르팡티에가 그녀의 박테리아에서 바로 이 바이러스를 다시 만났다. 그러나 그것은 작게 분해되어, 콧물을 훌쩍이는 박테리아의 DNA에 통합된 유전물질 형태였다! 박테리아가 바이러스 유전자를 저장할 수 있을까? 바이러스 유전자를 삼킨 후 자신의 세포에 포스트잇처럼 붙이는 게 가능할까? 앞으로 닥칠 외부 공격에 대한 일종의 경고장처럼? 그러려면, 이 정보를 읽고, 말하자면 유전자 몽타주를 기반으로 새로운 악당을 식별하고 싸울 수 있는 분자 메커니즘이 있어야 하지 않을까?

간단히 말해, 바로 이 메커니즘을 샤르팡티에 연구팀이 밝혀냈다. 박테리아는 작은 가위를 가지고 있다. 이 가위는 유전정보의 구성 요소인 핵산을 자를 수 있어 '핵산분해효소'라고 불린다. 이 가위는 무작위로 자르지 않고, 세포를 시켜 '가이드 RNA'라 불리는 틀을 만들게 한다. 이 틀은 새로 들어온 바이러스의 유전 코드와 정확히 맞아서, 이를테면 마치 양동이에 낀 엉덩이처럼 꼭 맞아서, 이 유전 코드를 정확히 골라내 잘라낸다. 박테리아는 이렇게 잘라낸 조각을 이용해 자신이 어떤 감염을 겪었는지 '기억'하고, 자신을 보호하기 위해 이 정보를 유전자 가위에 전달한다.

이 정도면 생물학의 기적이 아닐까? 어쨌든 연구자들은 이런 몽타주 틀, 즉 가이드 RNA를 특정 악성 바이러스에 맞게 조정할 수 있다는 사실을 곧 알아냈다. 가이드 RNA는 프로그래밍이 가능했다. 그로부터 얼마 지나지 않아, 정확히 말하면 2012년에, 에마뉘엘 샤르팡티에와 그녀의 미국인 동료 제니퍼 다우드나(Jennifer Doudna)는 과학 저널 《사이언스》에 "적응형 박테리아 면역에서 프로그래밍 가능한 이중 RNA 유도 DNA 엔도뉴클레아제(A Programmable Dual-RNA-Guided DNA Endonuclease in Adaptive Bacterial Immunity)"[12]라는 매력적인 제목으로 연구 결과를 발표했다. 그러나 이때 이들은 이것이 식물학계 동료들에게 엄청난 열광을 받을 줄은 상상도 하지 못했다.

크리스퍼-캐스(CRISPR-Cas)는 박테리아에서 유래한 시스템을 지칭하는 약어인데(자세한 설명은 일단 생략하겠다), 여기에는 식물의 품종 개량을 위한 무궁무진한 가능성이 가득하다. 루빅스 큐브 비유로 말하면, 이 새로운 기술을 이용하면 큐브에서 문제가 되는 조각을 제거하고 그 자리에 올바른 색상 조각을 넣을 수 있다. 큐브를 이리저리 돌리거나 우연에 의지할 필요가 없다. 큐브의 다른 면(식물의 다른 특성)은 그대로 유지된다. 어쩐지 치트키를 쓰는 것처럼 들리는가? 맞다, 정확히 그런 것이다. 더는 엉뚱한 곳에서 헤매지 않고, 확률 계산도 필요 없이 곧장 빠르게 목표에 도달할 수 있다. 그렇게 변형된 식물의 자손도 당연히 수도원 정원의 유전법칙을 따른다. 그래서 종자의 정교한 교배를 통해 특성을 정착시키는 것이 중요하다. 그러나 유전자 가위의 발견은 일석이조의 성과를 낸다. 크리스퍼를 이용하면 기후와 잘 맞는 품종 개량을 가속할 수 있고, 다른 종의 유전자(고전적인 '이식유전자')가 필요하지 않으므로 개념 정의상 유전자 조작이 아니다.

하지만 법조인들은 유전공학 지지자들에게 호락호락하지 않았다. 2018년 유럽사법재판소는, 표적을 정확히 재조합하는 크리스퍼 및 기타 '유전자 편집'(텍스트를 편집하는 것과 정확히 똑같다)을 법적으로 금지시켰다.[13] '자연적 재조합'에서도 크리스퍼 돌연변이가 쉽게 발생할 수 있음에도 불구하고, 크리스퍼 및 기타 '유전자 편집'은 앞으로도 계속 고전적인 유전자 조작(GMO)과 동일하게 취급되고 규제되어야 한다는 것이다. 유럽사법재판소는 이런 판결의 근거로 새로운 기술에 대한 경험 부족을 내세웠다. 특정할 수 없고 예측할 수 없는 방사선 돌연변이는 여전히 '유전자 조작 없음(GMO-free)'인데, 유전자 가위를 이용해 표적을 정확히 변이시키는 방법은 엄격히 규제된다. 그 이후로 많은 주요 연구 기관이 이러한 구분은 논리적이지도, 과학적으로 타당하지도 않다며 이 판결을 비난했다(예: 독일연구재단과 독일국립과학아카데미 레오폴디나의 공동 성명).[14]

나는 새로운 기술을 과학의 눈으로만 봐선 안 된다는 걸 깨닫는 데 몇 년이 걸렸다. 특허나 소비자 선택권 같은 사회경제적 측면 역시 중요하게 토론되어야 한다. 이것은 품종 개량 주제와 매우 밀접하게 얽혀 있어 분리가 거의 불가능하다. 새로운 기술이 아무리 안전하고 뛰어나더라도 마찬가지다.

또한, 농작물의 유전자 편집이 엄청난 진전을 이루어, 이제는 자연 돌연변이와 거의 구별하기 어려운 최소 침습적 방법이 개발되었다. 멘델 이후 우리의 식물유전학 지식이 기하급수적으로 증가하여, 이론상으로는 처음부터 다시 시작하더라도 몇 년 안에 야생식물을 재배식물로 개량할 수 있을 것이다. 새로운 도구를 사용하여 수확량이 많을 뿐 아니라 건강에 좋은 영양소가 풍부하고 기후 위기도 이겨내는 튼튼한 식물을 만들어낼 수 있다. 물론, 녹색 혁명 때 저지른 실수를 반복하지 않는다면 말이다.

그러나 끊임없이 성장하려는 욕구와 돈 욕심, 세계 시장을 지배하려는 탐욕이 여전히 남아 있다. 혁신의 혜택은 모든 사람에게 돌아가야지, 사회적 불평등을 증가시켜서는 안 된다. 크리스퍼-캐스 같은 새로운 개량 방식에 기회가 주어진다면, 이런 발명품의 지속 가능한 사용을 위해 기술 평가 시 사회윤리적 평가도 더해져야 할 것이다. 그러므로 짧은 품종 개량 여행을 마치며, 식물을 길들일 때 필요한 주의 사항을 보여주는 마지막 개념, 즉 생물 해적 행위에 대해 살펴보자.

몇 년 전부터, 거의 연구되지 않은 농작물과 야생식물의 새로운 품종 개량법에 엄청난 관심이 쏠리고 있다.[15] 이른바 '신규 작물화'는 기존 농작물의 야생 친척을 포함하여 연구가 거의 또는 전혀 되지 않은 종을 정확히 표적하여 빠르게 길들이는 데에 초점을 맞춘다. 민속 식물학의 현장 연구로 알려지게 된 전통 약초들도 이런 방식으로 작물화되어 품종과 약효 성분의 다양성이 확대될 것이다. 오랜 약초학 역사를 지닌 지역사회 및 토착민의 전통 지식은 이제 식물의 초능력을 찾는 연구자들에게 보물 창고가 되었다. 한해살이 쑥에서 약효 성분인 아르테미시닌을 발견한 것이 유명한 사례다. 이 성분은 중국 전통 한의학에서 애용될 뿐 아니라 서양 의학에서 말라리아를 퇴치하는 데도 사용된다.[16] 반면에 도시화와 자원 수요가 증가하고 있다. 이 둘은 모두 민속식물학과 생물 다양성을 위협한다. 남아프리카처럼 생물 다양성이 높은 여러 나라에서는 생활 방식의 현대화로 인해 전통이 파편화되고 있다. 거의 주목받지 못했던 농작물도 위기에 처했다. 테프, 포니오, 누그처럼 멋진 이름을 가진, 절반만 작물화된 종자가 그곳에서 수 세기 동안 재배되었고, 기후변화에 매우 잘 견디는 것으로 입증되었다. 이제 그들이 점차 밭에서 사라지고 있다.

이런 종자의 귀중한 재배 지식이 아직은 소규모 농부들 사이에 남아 있다. 그 지식을 '도용'하는 것은 윤리적 문제 그 이상이다. 지역의 관습과 전통에 대한 이해와 존중이 없으면 안 된다. 그리고 역사의 어두운 장에 기록된 착취가 재현되지 않도록 방지하는 것 역시 우리의 책임이다. 생물 해적 행위, 즉 산업화된 국가가 지역사회에 공정한 보상을 제공하지 않고 생물학적 물질을 상업적으로 개발하는 행위는 비열한 신(新)식민주의다. 중부 유럽에서는 강황과 바닐라 등 여러 이국적인 음식을 즐겨 먹는다. 하지만 이런 것들이 어떻게 접시에 오르게 되었는지 깊이 생각하지 않는 것 같다.

보통 사람들은 식물이 이 모든 것을 의도적으로 했다고 생각할 수도 있으리라. 순전히 진화적 관점에서만 보면, 식물은 정확히 자기가 원하는 곳에서 우리 인간을 만났기 때문이다. 우리는 가장 깊숙이 숨겨진 서식지에서 그들을 훔쳐와, 그들의 씨앗과 열매를 지구 전역에 뿌리고 기른다. 그리고 유전적 가능성이 부족해지면, 우리는 재빨리 직접 나서서 그들에게 새로운 초능력을 부여한다. 인간과 식물의 긴밀한 공진화와 식물성 식품 및 의약품에 대한 인간의 의존성을 고려하면, 실제로 누가 누구를 길들이고 길렀는지 의문이 든다.[17] 그렇다면 '재배식물'이라는 개념을 자기 비판적으로 뒤집어, 인간이 '식물의 작물'임을 인정할 때가 된 걸까? 물론, 우리의 식물 친구와 그들의 환상적인 능력이 없었더라면, 인류 문명은 존재하지 않았을 것이다. 그러므로 식물이 '의도적으로' 또는 '의식적으로' 인간을 조종하여 식물을 개량하고 재배하도록 시켰다고 가정해야 할까? 과학계에서는 당신이 예상하는 것보다 훨씬 더 격렬하게 이 주제를 두고 논쟁한다. 지금까지 우리는 인간과 일부 고등동물에게만 지능이 있고 그것이 나머지 다른 생물과 우리를 구별해준다고 믿어왔다. 우리가 너무 성급했을까?

크장 태양을 향해

식물도 지능이 있을까?

크장 태양을 향해

식물도 지능이 있을까?

식물은 진화 과정에서, 외부 자극을 감지하고 처리한 후 가장 적절한 반응을 '결정'하는 법을 배웠다. 그들은 주변 환경을 감지하고, 냄새를 맡고, 맛보고, 심지어 소리도 들을 수 있다. 그리고 이 모든 것이 뇌도 없이, 눈, 귀, 코도 없이 일어난다. 식물의 감각이 인간의 제한적 지식으로 아는 것과 다르게 작동한다면, 혹시 식물만의 특수 언어도 존재하는 게 아닐까? 외부 세계와 소통하는 다른 형태의 언어가 있지 않을까? 현명한 행동을 가늠하는 다른 기준이 있지 않을까? 휴, 어려운 질문이긴 하지만 간략히 답하면, 당연히 다 있다! 다만, 어째서 우리는 아직도 이것에 그토록 놀랄까? **식물은 햇빛도 먹을 수 있는 존재다!** 그 정도 초능력을 가졌는데 뭔들 못하겠는가?

샌드위치냐 베이글이냐, 그것이 문제로다

한 장소에 뿌리를 내린 덕에 육상식물의 삶에 근본적인 발명품이 몇 가지 생겼다는 얘기는 이미 앞에서 다뤘다. 시간 인식과 분자 차원의 기억력에 대해서도 얘기했다. 그런데 화학적 의사소통에 대해서는 아직 다루지 않았다.

연구자 대부분은, 자연의 와이파이를 활용하고 (자신의 부족함을 메우기 위해서라도) 다른 생물들과 접속하는 능력이야말로 식물이 지적 생명체라는 증거라고 설명한다.[1]

진화에서 필수였던 '유익한 적응 행동' 덕분에 식물은 자연의 일상 소통에서 중요한 대화 상대가 되었다. 불과 몇십 년 전부터 우리는 식물과 곤충, 식물과 식물, 식물과 토양생물 사이에 얼마나 많은 메시지가 교환되는지 차츰 확인하기 시작했다.

다음의 풍경을 한번 상상해보라. 모든 생물이 계속해서 주변에 뭔가를 속삭여 다른 생물의 행동을 변화시킨다. 눈에 보이지 않게 이리저리 떠다니다 금세 사라져버리는 그들의 귓속말이 온 세상을 뒤덮고 있다! 이런 '화학의 풍경'은 거의 예술적이고, 나는 이 풍경을 사랑한다.

사례를 나열하자면, 끝이 없다. 이 책의 주제인 식물만 보더라도 꽃들이 뿜어내는 온갖 향기로운 물질이 있다. 꽃들은 각자의 전략에 따라, 표적 곤충만의 배설물이나 성호르몬, 또는 먹이를 모방한다. 꽃들은 짝짓기를 원하는 암컷을 찾고 있는 수컷 곤충들을 끊임없이 속여 유인한다. 그리고 꿀이라는 보상을 준다. 하지만 꿀에 독성 니코틴 같은 물질을 섞어, 유인된 수컷들이 너무 탐욕스럽게 꿀을 먹지 않고 다음 꽃으로 날아가게 한다. 짝짓기 시즌이 끝나면 식물은 온갖 모양과 색상의 맛있는 열매를 맺고, 동물들이 그 씨앗을 퍼트려주므로 '스스로 움직여' 새로운 영역으로 이동할 필요가 없다. 어떤 식물은 대안으로 자손을 과육이 아니라 갈고리로 무장시키기도 한다. 갈고리로 무장한 자손은 다른 지구 거주자의 모피(또는 직접 짠 스웨터)에 붙어 새로운 세계로 여행한다. 그러니까 움직이지 않는 식물이 저항할 수 없는 향기나 숙련된 기술을 이용해, 움직이는 친구들을 무료 대중교통 수단으로 만드는 다양한 적응 행동이 있다.

식물의 고루한 화학과 전혀 상관없는 삶을 살고 있다고 혹시 생각하는가? 그럴까 봐 묻는데, 당신은 오늘 커피나 차를 마셨는가? 식물의 눈으로 보면, 농업의 등장은 식물이 인간에게 굴복한 것이 아니라 인간과 식물 모두에게 유익한 공진화였다. 농작물과 여러 전통 약초는 우리의 뇌에 신경화학적 효과를 미치는 물질을 생성하여, 우리의 체질과 행동에 영향을 미친다. 식물의 수분을 돕는 동물에게도 똑같이 작용한다. 식물을 자신의 이익을 위해 환경에 적극적으로 개입하는 인지적이고 '지적인' 생명체로 보는 이런 새로운 관점이 현재 생물에 대한 우리의 이해를 극적으로 흔들고 있다. 찰스 다윈(Charles Darwin)도 이미 1880년에 아들 프랜시스와 함께 출판한 자신의 마지막 책, 《식물의 운동 능력(The Power of Movement in Plants)》에서 마지막 문단에 다음과 같이 썼다.

"뿌리의 끝이 하등동물의 뇌와 비슷하게 행동한다고 주장하는 것은 결코 과장이 아니다."[2]

다윈이 숨은 메시지처럼 마지막 페이지에 적어놓은 내용은 그저 놀라울 따름이다. 존경받는 유명한 박물학자가 죽기 직전에, 자기가 속한 종이 그동안 생각했던 것만큼 독특하지 않을 수도 있다는 사실을 깨달은 것이다. 다윈의 아들 프랜시스는 나중에 케임브리지대학교 최초의 식물생리학 교수가 되었다. 오늘날까지도 논란이 되는 새로운 분야가 탄생한 것이다. 바로 그 분야에서 나는 최근에 박사학위를 받았다. 식물의 '지성'(따옴표를 붙이는 것이 정말 필요한지는 이제 당신의 판단에 달렸다)을 못 본 척 눈을 감는 것은, 인간을 중심에 두는 과학계를 정당화하는 데 줄곧 봉사해왔다. 식물학 분야에서 매일 새로운 연구 결과가 발표되면서 이런 인간 중심적 체계가 흔들리기 시작했지만, 식물 지능에 대한 과학계의 논란은 여전히 끊이지 않는다. 식물 지능의 열렬한 지지자 중 한 명이 피렌체대학교의 스테파노 만쿠소(Stefano Mancuso)다. 그는 몇몇 동료와 함께 식물신경생물학회를 설립했고, 2005년 이탈리아에서 첫 공개 학술대회를 개최했다. 여기서 밝힌 학회의 목표는, 식물이 어떻게 주변 환경을 인식하고 신중하게 결정하여 대응하는지 이해하는 것이었다.

식물신경생물학의 등장은, 누구에게 묻느냐에 따라, 급진적인 패러다임의 전환이거나 과학을 난해한 방향으로 이끈 불행한 사건이었다. 식물신경생물학의 지지자들은, 식물을 더는 수동적 대상으로 보지 말고, 식물 왕국에서 자기 삶을 사는 능동적 주인공으로 보아야 한다고 주장했다. 식물의 지성과 진화적 성공을 인정하지 않는 것은 순전히 인간의 오만함 때문이라는 것이다. 식물은 지구 곳곳에서 지배적인 존재이고, 바이오매스(지구에 사는 생물의 총 질량)의 99퍼센트를 차지한다. 식물과 비교하면, 인간과 동물은 식물신경생물학자의 말처럼 "단순한 흔적"에 불과하다.[3] 식물신경생물학에 반대하는 사람들은, 실제로 동물에서만 발견되는 특정 유형의 세포를 의미하는 '신경'을 식물에 붙인 것에 특히 불만을 품었다. 그리고 링컨 타이즈(Lincoln Taiz) 같은 저명한 연구자들도 만쿠소의 대담한 가설을 비판했다. 식물생리학 교수 링컨 타이즈에 따르면, 식물은 내부와 외부로 단기 신호와 장기 신호를 모두 전송하는 것은 맞지만, 그 방식은 실제 신경계와 매우 다르다. 그는 만쿠소 부류의 연구자들이 출간한 출판물이 "과도한 해석, 의인화, 터무니없는 추측으로 가득 차 있다"◎라고 비판했다. 이런 비판은 들을 때마다 아프다. 누군가 나 대신 나서서, 과학으로는 밝혀낼 수 없는 일이라고 말해주면 좋겠다. 〈뉴욕 타임스〉의 저널리스트 마이클 폴란(Michael Pollan)이 진행한 2013년 인터뷰에서 식물학자들의 발언을 읽을 수 있다. 이 인터뷰에는 두 식물학자 타이즈와 만쿠소의 놀랍도록 극적인 대화도 포함되어 있다. 폴란이 먼저 타이즈에게, 식물은 두 가지 경쟁 자극, 예를 들어 중력

◎　2013년 12월 15일, 〈뉴욕 타임스〉 인터뷰 기사 "The Intelligent Plant(지적인 식물)"에서 발췌하여 저자가 약간 수정했음.

과 물 사이에서 어떻게 하나를 선택하는지 묻는다.

"식물의 결정 방식은 우리가 가게에서 샌드위치와 베이글 중에서 하나를 선택하는 방식과 같을까요?"

"아닙니다."

타이즈가 대답한다.

"식물의 반응은 오로지 호르몬과 화학물질의 흐름에만 기초합니다. '결정하다, 선택하다'라는 동사는 식물에 부적절합니다. 이런 동사는 자유의지를 의미합니다. 물론, 인간에게 자유의지가 없다고 주장할 수도 있지만, 그건 또 다른 주제입니다."

폴란은 만쿠소에게도, 우리가 샌드위치와 베이글 중 하나를 선택하는 것처럼 식물도 그렇게 하는지 묻는다. 만쿠소의 대답은 이러했다.

"네, 같습니다. 샌드위치를 질산암모늄으로, 베이글을 인산염으로 대체하기만 하면, 뿌리가 선택할 겁니다."

"그렇다면, 뿌리가 그저 호르몬과 여타 화학물질의 흐름에 반응하는 것이 아니냐"라고, 폴란이 의문을 제기한다. 만쿠소는 이렇게 답했다.

"내 생각에, 인간의 뇌 역시 그런 방식으로 결정하는 것 같습니다."

연구자들이 대중 앞에서 이토록 감정적으로 반응하는 일은 흔치 않다. 당연히 과학자들에게도 이것은 극도로 감정적인 일이다. 이 논란의 중심에는, 식물의 인지능력에 관한 놀라운 실험(잠시 후 살펴볼 것이다)이 아니라, 이런 실험을 어떻게 해석하고 명명하느냐가 있는 것 같다. 어떤 식물이 '학습', '의사결정', '지능'을 연상시키는 행동을 보인다면, 그것을 '학습', '의사결정', '지능'이라고 불러도 될까? 아니면 이런 개념들은 뇌를 가진 생물에게만 써야 할까? 우리는 실험실 결과를 오로지 인간의 눈으로만 볼 수 있다(다른 생물의 눈으로 본다면 정말 무서울 것이다). 그리고 우리의 감정, 주관적 경험, 사회화는 눈에 보이는 현상을 표현할 단어를 찾는 데 도움이 된다. 식물신경생물학은 정말 희한한 분야일지 모르나, 이 분야의 연구자들은 결코 희한한 사람들이 아니다. 오히려 정반대로, 이들의 논문은 아주 멋진 실험을 바탕으로 작성되었고, 실험 방법을 설명해놓은 부분만 읽어도 벌써 재밌다.

거꾸로 뒤집힌 동물들

식물은 몸의 90퍼센트를 잃어도 살아남을 수 있다. 동물의 왕국에서는 아무리 오래 수색해도 그런 동물을 찾아내지 못할 것이다. 취미로 텃밭을 일구는 사람이라면, 달팽이에게 갉아먹히고도 다시 자라나는 채소의 놀라운 재생력을 분명 잘 알고 있을 것이다. 식물의 몸은 모듈 구조라서 여러 신체 부위가 다른 부위의 기능을 대체하거나 복구할 수 있고, 놀라운 유연성과 '회복탄력성'을 발휘한다. 식물이 인간처럼 뇌를 가졌다면, 그러니까 동물의 공격을 받았을 때 가장 먼저 몸에서 떨어져나갈 꼭대기 어딘가에 통제 센터가 있다면, 식물에게 결코 이롭지 않을 것이다.

밖으로 드러난 꼭대기보다는 흙 속에서 삶의 중대한 결정을 내리는 편이 훨씬 나을 것이다. 찰스 다윈이 이미 예감하고 있었던 이른바 '뿌리뇌' 가설에 대해 현재 열띤 토론이 벌어지고 있다. 토론에서는, 이미 언급했듯이, 식물의 놀라운 능력을 인정하기보다 '뇌'라는 단어 사용에 대한 거부감이 주로 다뤄진다. 실제로 식물은 매우 발달한 감각기관을 가졌고, 이것으로 15가지 이상의 다양한 자극을 감지할 수 있다.

우리 인간은 이미 오감에 만족하고 때로는 지배되기도 한다. 식물은 후각과 미각(몸에 닿는 화학물질을 감지하고 그것에 반응한다), 시각(빛의 다양한 파장과 음영에 반응한다), 촉각(예를 들어 덩굴식물이 단단한 물체를 휘감을 때, 접촉에 반응한다) 외에도 청각이라 부를 만한 반응을 한다. 점점 더 많은 구체적인 연구들이 식물의 음파 감지 능력을 증명한다.

1950년대부터 식물의 청각 실험이 주로 논란 속에서 시작되었다. 클래식 음악을 이용한 실험은 곧 말도 안 되는 헛소리로 일축되었다. 식물유전학자 다니엘 샤모비츠(Daniel Chamovitz)는 2012년에, "음악과 식물은 생태적으로 아무 관련이 없다"라고 퉁명스럽게 말했다.[4] 그리고 이 말은 어느 정도 사실이다. 식물이 왜 인간의 음악에 관심을 보이겠는가? 새소리나 벌의 윙윙거리는 소리 등 자연의 소리에 반응하는 것이 훨씬 타당할 것이다. 실제로, 여러 단조로운 음파가 식물에 미치는 긍정적 효과가 입증되었다. 당근, 벼, 호박, 난초는 400헤르츠 정도의 실험실 음파에서 성장이 향상되었고, 실험에 널리 애용되는 이른바 모델 식물인 애기장대는 애벌레가 풀 갉아먹는 소리를 들려주자 방어 물질을 더 많이 만들어냈다.[5] 식물이 감지하는 '음악'은 공기의 압력 변화(인간이 들을 수 있는 소리)로 만들어진다. 그러므로 생물음향학이라는 흥미로운 분야에 주목하는 것은 확실히 가치가 있다. 그리고 정말로 원한다면, 물론 방 안의 관상용 식물에게 계속해서 콜드플레이의 노래를 틀어줘도 된다. 달팽이가 갉아먹는 소리에 우리가 공감하는 만큼 식물은 콜드플레이의 노래에 공감할 것이다. 하지만, 상관없다. 하던 대로 계속하시라!

널리 알려진 이런 감각 외에도 식물은 우리가 일반적으로 인식하지 못하는 주변 환경의 자극을 감지할 수 있다. 식물은 이산화탄소 수용체를 가졌고, 전자기장에 반응하며, 중력을 측정하고 계산할 수 있다. 많은 식물학 실험을 함께 진행했던 다윈 부자는 어린 식물의 뿌리가 빛과 습도, 압력 차이, 기타 환경 요인에 반응하는 것을 이미 입증했다. 아마도 아버지 다윈은 마지막 페이지에 은밀한 메시지를 남겨, 사람들이 식물을 일종의 '거꾸로 뒤집힌 동물'로 이해하기를 바랐던 것 같다. 이를테면, 식물은 생식기관인 꽃과 꽃가루가 맨 위에 있고, '뇌'는 맨 아래, 즉 뿌리에 있다. 많은 과학자가 다윈의 실험을 계속 이어가, 뿌리 끝이 질소, 인, 소금, 독소, 좋은 미생물과 나쁜 미생물을 정확히 인식하고, 좋은 식물 이웃과 나쁜 식물 이웃을 구별할 수 있음을 입증했다.

특히 좋은 이웃과 나쁜 이웃을 구별하는 능력은 혼합 재배에 흥미로울 뿐 아니라 최근 몇 년 동안 식물의 '자기 인식' 연구에 점점 더 많은 영감을 주고 있다. 캐나다의 연구자들은 2007년 실험에서, 바다겨자속 작은 식물인 서양갯냉이가 화분에서 친척을 알아본다는 것을 밝혀냈다.[6] 이 연구팀은 서양갯냉이를 비좁은 자리에 빽빽하게 심었다. 한 번은 엄마가 같은 씨앗을 한 화분에 같이 심었고, 두 번째에서는 다른 장소에서 수집된 먼 친척의 씨앗을 섞어 심었다. 두 번째에서는, 인간과 비슷하게, 풀들이 양분과 물을 놓고 경쟁했고, 여러 갈래로 갈라진 뿌리 네트워크를 형성했다. 반면에 친남매들은 뿌리가 전체적으로 짧았고 갈래가 적었으며 경쟁적 행동도 덜 보였다. 수잔 더들리(Susan Dudley)와 아만다 파일(Amanda File) 두 연구자는 이런 결과를 식물 사이의 '친족 인식'으로 결론지었다. 또한, 토양 내 뿌리의 상호작용이 먼 친척과 가까운 친족을 차별하도록 조종한다고 주장했다.

이 획기적인 실험 이후로 많은 연구자가 글자 그대로 겨자씨를 뿌렸다. 식물의 지상 부분도 똑같이 행동하는 것 같다. 이웃한 식물의 잎이 서로 겹쳐 상대에게 그늘을 드리우기 때문이다. 창의적인 추가 실험들이 계속 진행 중이다. 예를 들어, 이웃 식물의 잎에서 방출되는 휘발성 물질이 동료 식물의 성장에 어느 정도 영향을 미치는지 알아내기 위한 연구가 진행 중이다. 아무튼, 식물이 자기 종족을 인식하고 심지어 종족을 위해 자신의 개별 성장을 줄여 '희생'할 수 있다는 증거가 많이 있다.

과학계는 거의 이타적인 이런 행동에, 지능 문제와 마찬가지로, 거부감을 느낀다. 하지만 소위 하등동물과 비교한다면 받아들이기가 더 쉬울지도 모르겠다. 땅 밑에 있는 수많은 작은 뿌리를 곤충 왕국과 비교할 수 있으리라. 곤충 왕국에서는 집단 지성이라는 단어를 입에 올리기가 확실히 더 쉽게 느껴진다. 다윈이 마지막 페이지에 언급했듯이, 뿌리 끝에 많은 정보가 모일 수 있다. 그리고 바로 여기에서 뿌리의 성장 방향이 결정된다는 것도 의심의 여지가 없다. 줄기 끝의 싹이 공기와 닿는 윗부분에서 계속 성장하는 것과 똑같다. 줄기세포를 훈련하는 가장 큰 훈련 캠프 두 곳인 RAM과 SAM이 바로 뿌리와 줄기 끝(싹)에 있다. 앞에서 설명한 이 내용을 아마 기억하고 있을 것이다.

이제 토양의 횡단면을 떠올려보자. 서로 다른 종의 식물 뿌리가 뻗어 있고, 각각의 뿌리 끝이 반딧불처럼 반짝인다. 가상의 시간이 흐르고, 작은 뿌리 끝이 흙을 헤치며 자기 길을 찾고, 다른 뿌리 끝을 만나고, 가던 길에서 벗어나 그들에게 다가가고, 한동안 동행하고, 점점 더 깊숙이 땅속으로 침투하여 각자 자기만의 보금자리를 발견한다. 무리 지어 나는 새들처럼 각각의 개체는 주변 환경에 대한 정보가 거의 없고, 특정한 수의 동종 개체하고만 상호작용하지만, 결국에는 의미 있는 무언가를 해낸다. 이때 개체의 행동은 놀라울 정도로 신경망 구조와 유사하다. *이런, 또 뇌와 연결되는군.* 그래서 곧바로 대중적으로 잘 통용되는 과학 용어인 '초유기체'로 이어진다. 초유기체란, 시너지 효과를 내는 친척 관계의 개별 유기체가 집단을 이루어

거의 로봇처럼 협력하고 조직한다는 뜻이다.

어떤 의미에서 우리의 뇌는 '덜 지적인' 개별 세포, 즉 뉴런이 모인 초유기체이기도 하다. 제어공학 차원에서 보면, 뿌리 끝과 뉴런은 모두 각각의 자극에 따라 '0'에서 '1'로, '예'에서 '아니요'로 점프하는 특정 반응 임계값을 가진 회로에 불과하다. 뉴런(또는 뿌리 끝)이 모여 복합체를 구성할 때 비로소 우리가 지적인 행동이라고 부르는 것이 가능해진다.

원시 의례와 가짜 이모티콘

어쩌면 너무 깊이 다루는 것일 수도 있겠으나, 식물의 행동을 얘기하면서 몬테네그로의 오래된 올리브나무를 다시 거론하지 않을 수 없다. 우리가 식물의 지능을 인정하기 꺼리는 것 역시 분명 식물과 우리의 생체리듬이 다르기 때문일 것이다. 상상으로 시뮬레이션해본 뿌리의 시간 흐름은 우리의 현실에는 존재하지 않는다. 그러나 식물의 시간 계산으로 보면, 뿌리의 시간은 굉장히 빠르게 흐른다. 마치 같은 행성에서 두 개의 시간 평행우주에 사는 것과 같다. 삶의 속도가 서로 달라, 식물과 인간은 말하자면 서로 말이 안 통한다. 만쿠소는 이를 〈스타 트렉〉(더 정확히는 〈스타트렉: 보이저 시즌 6〉)의 한 에피소드(12화 '눈 깜빡할 사이에')와 비교한 적이 있는데, 보이저의 승무원들은 시간이 몇 배나 더 빨리 흐르는 외계 행성을 공전한다. 궤

도상에서 승무원은 미지의 행성 주민들이 겪은 거의 모든 역사를 빨리감기처럼 눈 깜짝할 사이에 훑어본다. 반면, 행성의 외계인에게 보이저 우주선은 밤하늘에 고정된 점처럼 보이고, 이 점은 수 세기에 걸쳐 그들에게 영감을 주고 문화적 영향을 미쳤다.◎ 외계인은 인간 세계의 어떤 움직임도 감지할 수 없으므로, 인간은 '움직이지 않는 물체'라는 논리적 결론에 도달한다. 그리고 예상 가능한 드라마가 전개된다. 우주선을 숭배하는 무리와 그것을 파괴하려는 무리가 있다. 공격이 시작되고, 고타나-레츠라는 외계인이 두 세계를 중재하고, 당신이 알고 있는 결말대로, 보이저 승무원들은 무사히 탈출한다.

우리가 고타나-레츠의 모범을 따른다면, 인간과 식물의 분쟁을 해결하려 적어도 시도는 해볼 수 있을 것이다. 여기서 중요한 것은 결국 누가 더 뛰어나고 더 똑똑하냐가 아니다. 신경 세포를 가진 생물에 유난히 집착하고, 지적인 행동과 운동성을 동일시하는 경향 때문에 우리는 식물의 생존 전략을 제대로 인식하지 못한다. 재밌으면서도 의미심장한 사실이 있는데, **우리는 식물보다 기계를 더 쉽게 지능적이라고 부른다.** 컴퓨터는 인간의 뇌 회로에서 영감을 받아 만들어졌고 인간의 천재성을 보여주는 산물이므로, 인공지능이 식물

의 자연지능보다 받아들이기가 아마 더 쉬울 것이다. 식물학은 식물이 얼마나 영리하게 진화를 헤쳐나가는지 보여주는 점점 더 흥미로운 사례를 우리에게 제공하고 있다. 오늘날 우리는, 특히 현대 기술 덕분에, 야생식물에서 멘델이 상상했던 것보다 훨씬 더 많은 것을 배울 수 있다. 그리고 밭에서 자라는 우리의 농작물은 지금 당장 시급히 필요한 이런 적응력을 이미 가지고 있다. 흥미롭게도 만쿠소는 실험을 통해 다음과 같은 결론을 내렸다.

"식물은 지능이 있는 생물이므로 우리는 식물을 존중해야 하고, 서식지를 보호해야 하며, 유전자 조작, 단일 재배, 분재 같은 관행을 없애야 한다."

그는 외계인이 밤하늘에서 보이저를 보았을 때와 비슷하게, 거의 초월적인 숭배의 마음을 서서히 키워가고 있는 걸까?

신앙 얘기가 나와서 묻는데, 인간이 과연 식물을 신으로 숭배할 수 있을까? 어쨌든, 식물은 (거의) 죽었다가도 부활할 수 있고, 심각한 질병을 고쳐줄 수 있고, 심지어 물을 포도주로 바꿀 수도 있다. 자연을 숭배하는 종교에는 대부분 신성한 나무가 있고, 수많은 공동체에서 의례와 상처 치료에 식물 성분을 사용한다. 민속식물학은 식물의 치료 효과에 관한 전통 지식을 기록하여 현대에 활용할 수 있게 한다. 옛날 얘기로 치부한다면 큰 오산이다. 세계보건기구에 따르면, 인류의 80퍼센트 이상이 치료에 전통 약초를 이용한다. 한의학에서 사용하는 약초만 따져도 1만 1,000여 종인데, 그중 '길들여진 재배식물'에 속하는 것은 겨우 500여 종에 불과하다. 약초의 활용은 육성하고 보존할 가치가 있는 매우 중요한 세계문화유산이라고 해도 과언이 아니다.

　　동시에 우리는 선을 넘지 않도록 주의해야 한다. 이런 천연자원을 책임감 있게 사용하는 데 방해가 되는 대표적인 문제가 바로 생물해적 행위를 비롯하여 물질적 착취, 지적 착취, 종의 소실, 지식의 손실이다.[7] 이 점을 인식하는 것이 중요하다. 대다수 기술 혁신은 부유한 서구에서 이루어진다. 식물 품종 개량 분야에서 우리는 유럽 중심의 식민지적 태도로 오랜 과거 시대의 발자취를 따라가고 있다. 그러나 지속 가능성을 위한 실질적 기회를 제공하는 것은 기술과 지역의 경제적, 사회적, 생태적 맥락이 조화를 이루는 진정한 파트너십이다.

　　그러므로 정치인과 기업가들에게, 적어도 이 장에서만큼은 마지막으로 호소하고 싶다. 부디 지역 시민사회의 우려와 희망을 진지하게 받아들이길 바란다. 생산 국가의 연구자들을 참여시키고, 처음부터 남반구의 농부들을 합류시켜야 한다. 우리는 식물의 놀라운 성분을 다 같이 사용할 수 있다. 이때 누구도 소외되지 않고 모두가 자신의 의견이 존중받는다고 느끼려면, 흙 속에서 식물의 뿌리가 하듯이 우리도 서로를 존중해야 한다. 물리화학적 가능성이 제한된 공간에서 함께 성장하고 공존하기 위해 식물 가족이 하는 것처럼, 우리도 서로 협력해야 한다. 식물의 이런 가족적 협력은 지구에서 성공적인 종으로 자리잡는 데 중요했고, 우리는 여기서 확실히 교훈을 얻을 수 있다. 인간이 동물계의 팝스타가 되기 훨씬 전부터, 식물은 지속 가능한 삶, 즉 업데이트를 중단하지 않고 시스템 충돌도 일으키지 않는 최선의 삶은 오직 영리한 팀워크로만 가능하다는 것을 알고 있었다.

그렇다면 식물은 생존에 오직 자기 자신만 필요하고 다른 것은 필요 없는 고결한 존재일까? 아니다. 우리가 이미 살펴보았듯이, 균류와 식물은 처음부터 같은 메신저를 이용했다. 수분 매개 곤충은 꽃 식물로부터 끊임없이 가짜 이모티콘을 받고, 작은 서양갯냉이는 혼자보다 무리 지어 사는 것을 선호한다. 최소한 이쯤에서 우리는 식물도 공동체가 필요하고 다른 식물과 조화를 이루며 서로 의존한다고 확신할 수 있다. 그리고 활발한 가족 단체대화방에서 확인할 수 있듯이, 크고 작은 위기를 함께 극복하는 데 가장 중요한 것은 바로 원활한 의사소통이다.

4장 함께 성장하다

눈에 보이지 않는 식물의 소곤거림

4장 함께 성장하다

눈에 보이지 않는 식물의 소곤거림

식물은 각자의 생태 보금자리에 고립되어 살지 않는다. 그리고 조용하지도 않고 비활동적이지도 않다. 미국 식물생리학자 칼 레오폴드(Carl Leopold)가 잘 묘사했듯이, 식물은 그림같이 아름다운 '화학 풍경' 속에서 주변 환경과 끊임없이 긴밀하게 교류하고 거의 쉬지 않고 수다를 떤다. 인간은 들을 수 없는 이런 분자 차원의 대화는 식물의 성장, 동물의 행동, 토양의 변화, 전체 생태계의 운명에 영향을 미친다. 하지만 이 모든 것이 더는 완전히 감춰진 비밀이 아니다. 기술 발전으로 이제 우리는 이런 대화 중 일부를 도청하고 체계적으로 살펴볼 수 있게 되었다. 이 일은 정말 흥미진진하고, 나를 포함한 연구자들을 매료시킬 뿐 아니라, 다양한 감정을 불러일으켜, "식물들이 정말 우리를 속이려는 건가?"라는 의심까지 들게 한다.

풀의 속삭임

식물의 의사소통이 처음으로 내 귓가를 맴돌았던 것은, 첫 학기 강의 때 들은 재밌는 이야기 덕분인 것 같다. 이야기 때문에 뭔가가 귓가에 맴도는 현상이 생길 수 있는지 모르겠지만, 내가 무슨 말을 하고 싶은 건지 이해했으리라 믿는다. 하여튼, 생화학 강의였다. 미래의 내 박사학위 지도교수는 몇 년 전에 자신의 연구실에서 일어난 신비한 사건을 얘기해주었다. 그는 그동안 수백 번이나 했던 것처럼, 식물의 면역 체계를 실험하기 위해 온실에서 식물을 키웠다. 일반적으로 실험실 식물은 병원균에 비교적 쉽게 감염될 수 있다. 실험실 식물은 이전에 나쁜 세균에 맞서 싸워본 적이 없기 때문이다. 하지만 이번에는 달랐다. 식물은 감염에 훨씬 더 빨리 대처했고, 증상이 나타나기 전에 나쁜 균을 물리쳤다. 아무리 자주 병원균을 투여해도 이 식물은 굳건했고 병들지 않았다! 이는 기본적으로 좋은 일이긴 하지만, 다양한 예방 효과를 실험하거나 농작물의 방어 유전자를 조사하려는 경우에는, 식물이 먼저 병이 들어야 한다. 그리고 말했듯이, 이 실험은 같은 연구실에서 이미 수없이 수행되었고, 아무 문제없이 식물을 감염시킬 수 있었으며, 빛, 온도, 물, 토양 등 기본적인 조건도 똑같이 유지되었다.

교수는 한동안 이 문제로 고심했다. 제대로 작동하는 식물─병원균 체계는 이후의 실험에 중대했기 때문이다. 실험실에서는 나중에야 비로소 그 이유가 밝혀지는 그런 신비한 일이 언제나 일어난다.

이번에는 다음과 같았다. 교수는 회의에 가는 길에 복도에서 기술 보조원을 만났다. 간단히 인사를 나누고 지나칠 때 기술 보조원의 향수에서 꽃 향이 났다. 회의가 끝난 후에도 교수는 한 가지 생각을 떨쳐낼 수 없었다. 온실에 있는 식물에 향수가 영향을 미칠 수 있을까?◎ 아무튼, 실험 식물을 돌보고 물을 주는 사람이 바로 이 기술 보조원이었다. 미래의 내 지도교수는 기술 보조원에게, 다음에 식물을 관리할 때는 향수를 뿌리지 말라고 지시했다. 그리고 짜잔! 식물들이 다시 병원균에 취약해졌다.

어떻게 이럴 수 있을까? 향수의 정확한 성분을 파악하면 바로 알 수 있다. 식물의 오래된 물질 중 하나가 눈길을 사로잡는다. 바로 자스몬산이다. 이 물질은 재스민 꽃 향의 주요 성분이고, 로마인들이 향수를 만들 때 이미 사용했으며, 거의 100년 전부터 화학 합성으로 생산되었다. 하지만 이야기는 여기서 끝나지 않는다. 자스몬산 또는 자스모네이트는 식물 호르몬이라 불리고, 꽃 형성부터 씨앗 숙성, 방어 반응까지 식물의 모든 주요 과정을 조절한다. 이 호르몬은 뿌리가 갉아 먹힐 때 생산되어 식물의 다른 모든 기관으로 놀라울 정도로

◎　연구자라면 이 마음을 잘 알 것이다. 실험실에서 문제를 찾아내려 애쓸 때면 미칠 것 같다. 다듬어지지 않은 거친 가설과 기괴한 주술이 생겨나 굳어지고 영원히 사라지지 않는다. 거의 편집증 환자처럼 실험의 실패 원인을 찾고 있었기 때문에 이런 일이 벌어진다. 한 가지 예를 들면, 20분이면 완벽하게 '멸균'하는 데 충분함에도 우리는 아무런 합리적 이유 없이 40분이나 고압으로 살균 처리를 한 적이 있다. 과학자들 역시 한낱 인간에 불과한 걸까?

빠르게 전달된다. 그리고 가장 멋진 일이 있다. 자스모네이트에 아주 작은 화학 그룹을 추가하면, 메틸자스모네이트를 얻는데, 이것은 휘발성 호르몬으로 공기를 통해 운반될 수 있다. 발송 준비가 완료된 식물 호르몬 메틸자스모네이트는 향수에 함유되어 있을 뿐만 아니라, 식물 왕국에서 방어를 위한 의사소통의 천연 요소이기도 하다. 정말 대단하지 않은가?! 식물은 서로에게 공격을 경고하기 위해 공기를 통해 전송할 수 있는 전달 물질을 생성한다. 하지만 식물은 외부 신호에도 반응한다. 누군가가 메틸자스모네이트를 몸에 뿌리고 온실을 돌아다니면, 식물은 즉시 경계 태세를 취하고, 애초에 존재하지도 않는 질병으로부터 자신을 보호하기 위해 유전자를 활성화한다! 이 이야기는 내가 식물의 '언어'에 완전히 매혹되기 시작한 중요한 계기였다. 우리는 식물을 주의 깊게 관찰하고, 냄새를 맡고, 귀를 기울이기만 하면 된다. 식물은 우리에게 많은 것을 말해줄 것이다. 이제부터 화분이나 텃밭에 물을 줄 때는 향수를 뿌려야 할까? 그러지 않는 게 좋다. 면역 체계가 강화되면 광합성이나 열매 맺기 같은 중요한 과정이 중단되기 때문이다.

그 후로 줄곧 식물의 방어 및 공격의 언어는 내 관심사였고, 나중에는 내 전문 분야가 되었으며, 지금까지도 여전히 내게 깊은 인상을 남기고 있다. 그래서 이 책에서도 이 주제를 별도로 다루어야 했다. 초록 슈퍼 히어로 친구에게 말을 걸거나 적들을 쫓아낼 때 사용할 수 있는, 종과 종 사이에 소통할 수 있는 언어를 다루기에 앞서, 모든 생물의 '화학 풍경'으로 다시 한번 여행을 떠날 예정이다. 그러

니 메틸자스모네이트는 다시 냉장고에 넣고, 식물 왕국에 어떤 의사
소통 방식이 있는지 살펴보자.[1]

블라블라, 루바브!

한참 앞에서 이미 다루었듯이, 식물은 균류와 협력하지 않았더
라면 땅에 정착할 수 없었을 것이다. 최초의 육상식물은 척박한 바위
에서 광물을 긁어내고, 유해한 자외선으로부터 자신을 보호하고, 극
한의 날씨와 기온 변화에 대처해야 하는 어려움에 직면했을 때, 경험
많고 숙련된 균류의 품으로 곧장 달려갔다. 실제로 오늘날에도 이런
광경을 목격할 수 있는데, 예를 들어 수중 화산이 폭발하여 어딘가
에 새로운 섬이 생기면 모든 분야의 연구자들이 마치 타란툴라에 쏘
이기라도◎ 한 것처럼 쏜살같이 달려가, 생명체가 완전히 새로운 영
토를 정복하는 모습을 관찰한다. 지금과 마찬가지로 그 옛날에도 이
런 '새로운 영역'을 정복한 최초의 개척자는 이끼(지의류)였다. 지의류
는 해조류와 균류의 공생 공동체로, 길에 눌어붙은 껌과 비슷하게 생
겼다. 이들 공생 듀엣은 식물의 광합성(햇빛을 먹는) 초능력과 구조적

◎   사실 확인 차원에서 말하는데, 타란툴라에 쏘인다는 관용구는 사실 오해의 소지가 있다. 타란
툴라는 쏠 만한 침이 없기 때문이다.

으로 잘 조직된 균류의 네트워크를 조합했다. 이 조합은 새로운 땅을 개척하는 데 매우 유용하다.

오늘날 식물과 균류의 연합은 예외가 아니라 기본 규칙이 되었다. 분자 데이터와 화석을 보면, 서로 다른 두 생명체의 공동 작전이 엄청난 성공을 거두었을 뿐만 아니라, 식물이 육지에 정착하는 전제 조건이었음을 알 수 있다.[2] 그런데 식물과 균류는 어떻게 서로 소통할까? 그들이 의사소통에 사용하는 공용어는 다세포 세계에서 가장 오래된 언어일 것인데, 아직도 그에 대해 알려진 바가 많지 않다. 그러나 확실한 것이 하나 있다. 식물은 처음부터 꽤 수다스러웠고, 자신의 이름을 직접 널리 알리고 싶어 했다. 그들은 화학 전달 물질 형태의 명함과 설탕이 줄줄이 매달린 공짜 간식을 마구 뿌렸고 그런 식으로 인기를 끌었다. 어떻게 이런 손님을 파티에 초대하고 싶지 않겠는가? 물론, 여기저기서 음모도 꾸며졌고, 비밀리에 수군거렸으며, 불화가 퍼졌다. 이 얘기는 나중에 다시 다루기로 하자.

식물이 주변의 다른 식물과 대화하려면, 먼저 자신과 대화하는 법부터 배워야 했다. 뿌리는 수 미터 떨어진 곳에 있는 잎의 경험에 대해 알아야 하고, 흙에서 얻는 정보는 새싹에게 큰 관심사다. 동물의 경우, 멀리 떨어져 있는 기관 간의 이런 대화는 뉴런을 통해 이루어진다. 뉴런은 신체의 다양한 기관 사이에서 이루어지는 외부 자극의 전달을 조절한다. 이때 뉴런은 전기 신호를 사용한다. 식물은 그런 것을 갖고 있지 않다. *아니면, 역시 가지고 있을까?*

식물의 전기적 자극 전달의 첫 구체적 증거가 1992년 영국 노리치(Norwich)에서 발견되었고, 같은 해에 유명 과학 학술지 《네이처》에 게재되었다.[3] 실험 설정은 매우 간단했다. 토마토 모종의 가장 아래에 있는 떡잎에 전기 자극을 주고, 줄기에 있는 전극과 높은 곳에 달린 잎의 전극에서 전압 차이를 기록했다.

약 1초에 3밀리미터씩 떡잎에서 식물 전체로 이동하는 전기적 활동이 감지되었다. 아래쪽 잎을 자극하자 멀리 떨어진 조직에서도 반응이 나타났다. 이것이 전기 신호가 아니라 식물의 관개 시스템을 이용하는 전달 물질일 가능성을 배제하기 위해, 떡잎의 잎자루에 작은 냉각판을 설치했다. 채소 보관실 온도를 일반적으로 약 4도까지 낮추는 것도, 식물의 조직 내에서 물이 천천히 흐르게 하려는 목적이다. 실험 결과, 냉각으로 인해 잠재적 전달 물질의 흐름이 달팽이처럼 느려졌지만, 첫 번째 잎의 자극에 두 번째 잎이 놀라울 정도로 신속하게 반응했다. 실험에서 사용한 외부 자극은, 작게 상처를 내는 일종의 '부상'이나 단순한 접촉 또는 열 자극이었다. 작은 떡잎에서 어떤 변화를 감지하든 식물은 즉시 전기 자극을 보내 반응했는데, 신경생물학에서는 이것을 '활동전위'라고 부른다. 떡잎의 이메일에 다른 잎들이 보인 반응은 예상했던 스트레스 반응과 정확히 일치했다. 마치 식물 전체가 공격을 받은 것처럼 반응했고, 예를 들어 단백질 분해효소 억제제를 대량으로 생성했다. 이것은 일반적으로 상처 치유에 필요하고, 곤충의 침에 들어 있는 소화효소를 억제한다. 이 주제는 식물의 방어 언어를 다룰 때 자세히 살펴보기로 하자.

다시 한번 말하는데, 작은 잎에 가해진 자극이 전기 신호로 전

101

달되고, 실제로는 전혀 영향을 받지 않은 멀리 떨어진 부위에서 방어 반응이 나타난다. 영국의 정말 모범적인 연구 덕분에, 식물의 전기 자극과 생화학 과정 사이에 연관성이 있다는 사실이 처음으로 밝혀졌다. 식물의 활동전위는 면역 반응의 근본 메커니즘일 수 있다. 나중에 설명하겠지만, 이때 화학 신호도 중요한 역할을 한다. 식물은 신경이 없는데도 어떻게든 먼 거리까지 전기 신호를 보낼 수 있다. 그리고 자세히 살펴보면, 식물과 동물은 기본적인 세포 구조, 즉 전기가 흐르기 위한 구조적 조건이 그다지 다르지 않다. 서로 붙어 있고 작은 기공을 통해 연결된 수많은 세포는 신경계 없이도 전기 신호를 전달할 수 있다. 이는 동물생리학에서도 이미 반세기 전에 캐나다 동물학자 조지 오웬 매키(George Owen Mackie)가 해파리 실험으로 무신경 자극 전달을 밝혀낸 이후로 잘 알려져 있다.[4]

이런 현상은 현재 여러 동물의 상피에서, 그러니까 장기의 가장 위에 있는 '덮개층'에서 주로 발견된다. 길게 늘어진 신경 케이블 뭉치와 달리, 여기서는 '세포 간 전도(cell-to-cell conduction)', 즉 세포와 세포 간의 일종의 귓속말을 통해 자극이 전달되고, 필요에 따라 초당 2밀리미터에서 500밀리미터 속도로 전달될 수 있다. 활동전위는 이웃한 두 세포막을 연결하는 작은 통로인 이른바 '간극 연접(gap junction)'을 통해 전달된다. 그리고 장벽에 있는 세포들의 이런 전형적인 간극과 아주 흡사하게, 식물 세포도 작은 구멍을 통해 서로 소통하는 것으로 알려져 있다. 현미경으로 세포벽의 작은 구멍을 명확히 볼 수 있다. 세포생물학에서는 이것을 '원형질 연락사'라고 부른다. 간극 연접과 원형질 연락사는 동물과 식물 모두에서 이웃하는 세포를 연결하고, 지름이나 전도력 같은 물리적 특성이 유사하고, 둘 다 원시시대부터 가장 작은 차원에서 생명체의 소통을 도왔다.

식물의 장거리 통신을 위한 전기 장치는 아마 우리가 예상하는 것보다 훨씬 더 널리 퍼져 있을 것이다. 식물은 땅에 뿌리를 내린 삶에 적응하기 위해, 말하자면 불가피하게, 열기, 냉기, 접촉, 부상 등 여러 외부 자극에 빠르게 대처할 수 있는 내부 전선망을 깔았다.

또한, 식물 왕국에서는 긴급 메시지가 흔한 일이다. 나는 대학 시절부터 소위 '신호전달 연쇄반응'의 놀라운 속도에 매료되었다. 신호전달 연쇄반응이란, '외부'의 아주 작은 물방울조차 정보의 쓰나미로 바꿀 수 있는, 분자 차원의 자체 강화 과정이다. 그리고 이 모든 일이 순식간에 일어난다. 이런 연쇄 과정은 눈덩이 원리에 기반을 두고 있다. 하나의 단백질이 다른 여러 단백질을 활성화하고, 그 단백질이 다시 다른 여러 과정을 동시에 촉발한다. 나는 이 엄청난 확산 능력을 〈반지의 제왕〉에 나오는 곤도르의 봉화에 비유했다. 곤도르는 동맹국 로한의 기병대 로히림을 움직여, 결국 펠렌노르 전투에서 오크를 물리치고 승리를 거둔다. 곤도르에서 로한으로 봉화가 전달되듯이, 신호전달 연쇄반응을 통해 메시지가 믿을 수 없는 속도로 식물세포 전체에 퍼진다.

그리고 이토록 광범위한 정보 흐름을 재빨리 멈출 수 있는 비상 브레이크를 발명하지 못했더라면, 초록 슈퍼 히어로들은 이렇게 성공적이지 못했을 것이다. 신호전달 연쇄반응이 일단 시작되면 분자

불꽃놀이가 자동으로 계속 이어지고, '부정적 피드백 루프'가 없으면 가늠할 수 없을 정도로 과해질 것이다. 식물에 내장된 이 피드백 루프가 자극 과부하를 막는다. *정보를 빠르게 전달하되, 너무 크게 외치지는 말라! 물질대사를 방어 모드로 전환하되, 영원히 그러지는 말라!* 식물세포는 피드백 루프를 통해 환경 변화에 반응하는 강도를 조절할 수 있다. 물질대사는 잠시 동안 조절되고, 이후 정상 수준으로 돌아간다. 다시 말해, 침착함을 잃지 않고 계속 성장한다. 전통 약초의 활성 성분을 이용해 부정적 피드백 루프를 만들 수도 있다. 내장된 비상 브레이크 외에 식물의 활성 성분으로도 식물(또는 다른 생명체!)의 신호전달 연쇄과정을 억제할 수 있다. 예를 들어, 루바브 추출물 에모딘은 실험 쥐의 과도하게 활성화된 신장 세포가 신장 질환을 유발하지 못하게 막을 수 있다.[5] 카바레(19세기 프랑스에서 시작된 소극장 무대예술—옮긴이 주) 공연예술가 보도 바르트케(Bodo Wartke)의 잰말놀이 인기곡 〈바르바라스 라바르베르바르(Barbaras Rhabarberbar)〉에서처럼, 신호전달 연쇄과정 중에 식물 세포에서 발음이 서로 꼬인다. 이래서 풀들도 가끔 휴식이 필요한 법이다!

보다시피 식물의 삶이, 〈스타트렉〉의 슬로모션 행성처럼, 항상 슬로모션으로 흐르는 건 아니다. 우리가 식물계에서 어떤 조직을 보느냐에 따라, (보이지 않는) 과정들이 매우 빠르게 또는 인간에게 익숙한 속도와 적어도 비슷하게 진행될 수 있다. 중추신경계가 없어도 세포와 세포 사이에 통신이 가능하다. 모든 식물 세포를 연결하는 미세한 구멍 덕분에 조직과 조직 사이도 연결된다. 지상의 기관과 지하의 기관이 소통한다. 식물의 뿌리 끝은 일종의 지적인 집단이고, 이들은 흙 속을 헤치며 끊임없이 보고서를 작성하여 보고한다. 이것은 식물 전체에 이익이 되는데, 언젠가는 흙 속에서 다른 뿌리들을 만나게 되기 때문이다.

잔디 깎기 그리고 꽃의 암호

식물의 의사소통을 다룰 때는, 전달되는 메시지를 두 가지 범주, 그러니까 '몸짓언어'와 '말'로 나누는 것이 좋다. 물론, 소통에서 청각이 중요한 인간 세계의 말을 기대해선 안 된다. **식물의 속삭임은 인간의 귀에 전혀 언어적이지 않다.** 식물의 말은 이미 알고 있듯이 화학적이다. 여기서 두 범주로 나눈다는 뜻은, 식물 언어의 어느 부분이 '능동적' 또는 '의도적'('목적의식적'이라고 할 수도 있겠다)이고, 어느 부분이 수동적 '몸짓언어'에 속하냐다.

그렇다, 식물도 일종의 오라(aura)를 가지고 있다. 여기서 오라란 영적인 기운을 말하는 게 아니다. 겨냥한 대상 없이, 특정한 의도 없이 끊임없이 공기로 뿜어져 나오는 소통 형식은 식물의 '볼라틸롬'에 달려 있다. 메탈 밴드의 이름을 연상시키지만, 이것은 식물을 둘러싼 모든 휘발성 물질의 총체를 지칭하는 말이다. 말하자면 한 식물의 고유한 향인 셈이다. 이 장을 시작하면서 이미 다루었듯이, 우리는 운이 좋다면, 기술적 지원 없이도 식물의 이런 휘발성 유기화합물을 감지하고 향신료나 향료의 형태로 즐길 수 있다. 아니면 이것이 혼합된 향수를 뿌려, 때로는 의도치 않게 식물에게 그들의 언어로 말을 건네기도 한다.

휘발성 유기화합물은 식물의 온몸에서 환경으로 방출되고, 식물의 전반적인 '현재 상태'를 알려준다.[◉] 외부 스트레스 요인이 없으면, 볼라틸롬만으로도 식물에 무엇이 결핍되었고 현재 어떤 발달단계에 있는지 알 수 있다. 또한, 볼라틸롬은 종종 식물 종의 매우 전형적인 특징을 드러내기 때문에, 헤드 스페이스(물체 주변의 허공을 이렇게 명명하다니, 영어의 작명 센스는 정말 대단한 것 같다) 분석을 통해, 마치 인간의 지문처럼 식물 종을 식별할 수 있다. 매우 독특한 이런 특수 언어 또는 사투리는 당연히 같은 종끼리 가장 잘 통하고, 이것은 앞서 언급한 서양갯냉이 친남매의 조화로운 성장 사례를 적어도 부분적으로나마 설명해준다. 그리고 이로써 우리는 이미 휘발성 유기화합물의 수동적 방출의 주요 기능에 와 있다. 이 기능은 식물이 자신의 뿌리와 다른 뿌리를 구별하여 불쾌한 엉킴을 피하도록 돕는다. 경쟁자 풀은 맞닥뜨린 상대의 이해할 수 없는 향 사투리에 당황하여 방향을 바꾸거나 적어도 못 들은 척하고 옆에서 나란히 성장한다. 그

리고 잔디를 깎을 때, 의도치 않은 다른 의사소통이 이루어진다. 갓 깎은 잔디 냄새를 맡으면 우리는 기분이 좋아지지만, 근처의 어떤 식물에게는 마치 사이렌 소리 같다. "비상! 초식동물이 다가온다! 서둘러 쓴 물질을 많이 생산하여 맛없는 풀로 변신하라!" 헬리콥터나 풍력발전기의 회전날개 밑에 있는 풀들에게는 이런 의사소통이 별 도움이 안 되겠지만, 아무튼 이 모든 것은 진화적 의미가 있다.

따라서 친척 관계에 있는 식물들은 서로 비슷한 향을 가졌고, 서로 가장 잘 '이해하고' 공존하고 양분을 공유할 수 있으므로 평화와 기쁨, 행복이 넘친다. 하지만, 식물 대부분은 매우 이기적이고, 공격을 받으면 "모두가 자기를 생각하면, 결국 모두를 생각한 것이다"라는 모토에 따라(!) 일단 무엇보다 자기부터 구하고 본다. 이것은 인간과 식물의 또 다른 공통점일까? 식물의 의사소통이 선의의 정보 교환인 것처럼 미화되지만, 실제로는 늘 경계하며 잠재적 이익을 찾는 데 최적화된 도청과 감시인 경우가 많다. 숲은 우리가 주말 산책에서 느끼는 것처럼 항상 낭만적이진 않다. 낭만은커녕 숲에서는 햇빛이 잘 드는 자리를 차지하기 위한 끊임없는 경쟁이 벌어진다. 때로는 정말 잔혹한 일이 벌어지기도 한다. 심지어 일부러 산불을 내기도 한다! 하지만 이 얘기는 다음 장의 주제다. 물론, 앞에서 언급한 예외도 있고, 일부 전문가들은 늙고 약한 나무들이 젊은 친척 나무의 '돌봄'을 받는다고 추측한다. 하지만 나는 이것을 입증할 만한 확실한 연구 결과를 발견하지 못했다. 요컨대, 숲, 밭, 정원, 발코니 화분 등은 다른 모든 것을 이기기 위해 총력을 기울여야 하는 힘겨운 서식지다.

그런데 식물은 자신의 사투리, 그러니까 수동적 몸짓언어를 이해하지 못하는 다른 세계와 어떻게 소통할까?

식물과 동물의 직접적 소통은 꽃으로 가장 명확하게 이루어진다. 꽃이 다양한 모양과 색깔로 진화한 것은 분명 모든 비(非)식물, 특히 수분 매개 곤충과 새를 직접적으로 거냥한 적극적 대응이다. 인간이 꽃을 감상할 수 있는 것은 우연에 가깝다. 우리는 꽃이 아름답다고 생각하지만, 벌은 꽃에서 성적 매력을 느낀다. 식물의 이런 유혹의 에로틱 토크에서도 화학이 중요한 역할을 한다! 아침 햇살에 활짝 열린 꽃 앞에 곤충이 섰고, 꽃은 거부할 수 없는 휘발성 유기화합물 향으로 곤충을 유혹하며 최고의 맛을 약속한다. 꽃의 화려한 색상도 화학적이다. 플라보노이드, 카로티노이드, 안토시아닌 등 매력 넘치는 이름을 가진 물질들이 에키네시아, 금잔화, 수레국화를 눈부시게 아름답게 채색한다. 우리 인간은 이런 꽃들을 보는 순간 행복호르몬이 엄청나게 방출된다. 가시광선을 넘어 자외선 영역의 색상까지 볼 수 있는 곤충들은 어떤 반응을 보일까? 사실, 꽃들은 훨씬 더 세밀하게 채색되었고, 모든 꿀 사냥꾼을 위해 글자 그대로 어둠에서도 빛나는 착륙장을 마련해두었다. 그들의 색상 팔레트는 인간의 감각을 초월한다.◎ 하기야, 우리 인간에게 신호를 보내는 게 아니니까.

지중해 난초인 흑란은 이 모든 것을 극단적으로 이용하여 곤충 세계를 3중으로 조종한다. 거울난초를 예로 들어보자. 대부분의 흑란 종은 수분을 위해 소수의 날아다니는 곤충(꿀벌, 말벌 등 벌목)에 의존한다. 더 정확히 말하면, 그들 중에서도 젊고 경험이 부족한 수컷을 이용한다. 거울난초의 꽃 모양이 짝짓기 시기의 암컷 곤충과 똑같이 생겼기 때문이다. 기만적으로 사실적인 이런 짝퉁 암컷(생물학에서는 '모방'이라고 부른다)은 다리가 여섯 개 달린 수컷을 유혹하고, 수컷이 성행위를 하는 동안 그 머리에 꽃가루를 뿌린다.

거울난초가 유혹하는 대상은, 끓어오르는 성욕에 이끌려 적합한 짝짓기 대상을 찾아다니는 수컷 칼말벌이다. 거울난초는 아무것도 모르는 수컷을 다음과 같은 단계별 계획에 따라 조종한다. 우선, 휘발성 유기화합물로 수컷의 감각을 흐리게 하여 꽃인지 알아차리지 못하게 하는 동시에 동물 왕국에만 존재하는 성적 유인 물질을 모방한 '가짜 페로몬'도 방출한다! 두 번째 단계로, 매우 사실적인 조각 작품을 선보인다. 애송이 수컷 칼말벌은 먼저 실루엣을 보고, 그다음 패턴을 보고, 마지막으로 가까이 다가가 꽃 중앙에 있는 밝은 라벨룸(난꽃의 매우 도드라진 '아랫입술')을 본다. 수컷은 마법에 걸린 듯 꽃 위에 내려앉고 세 번째 속임수에 당한다. 모양과 감촉이 기대했던 대로 암컷 칼말벌과 정확히 일치한다. 심지어 말랑말랑한 배 부분의 보드라운 솜털까지 똑같다!

2012년 과학 학술지 《뉴 파이톨로지스트(New Phytologist)》에 실

◎　　캘리포니아 출신 사진작가 크레이그 버로스(Craig Burrows)는 식물에 자외선을 비춘 후 적절한 필터를 사용해 사진을 촬영하여, 꽃의 놀라운 색상 패턴을 우리에게 보여주었다. 그것은 황홀한 여행 같고 또는 오래된 비틀즈 앨범 커버처럼 비현실적으로 인상적이다.

린 한 연구는, 이 식물이 꽃의 중앙을 파란색으로 빛나도록 색소에 신경을 쓰고, 촉감에 얼마나 많은 정성을 쏟았는지 강조한다.[6] 칼말벌을 뒤에서 찍은 사진을 인터넷에서 찾아보면 그 이유를 알 수 있을 것이다. 거울난초의 속임수는 그저 완벽하다고 인정할 수밖에 없다. 유사 교미는 난초들 사이에 널리 퍼져 있는 방법이고, 종의 보존에서는 개별 종만 고려해선 안 된다는 것을 보여준다. 흑란 종은 각자 수컷 말벌이나 수컷 꿀벌에 의존하므로, 멸종 위기에 처한 식물을 보호하려면 항상 수분 매개 곤충도 같이 보호해야 한다.

다행스러운 일도 하나 있다. 우리 인간이 가시광선 바깥의 색상을 보지 못하는 것이 그리 나쁜 일이 아니라는 점이다. 모든 색상을 볼 수 있다면, 어쩌면 불쌍한 수컷 말벌처럼 꼼짝없이 속을 수 있다! 가시광선 바깥의 색상을 못 보는 대신 우리의 눈은 빨간색에 최적화되어 열매가 잘 익었는지 쉽게 알 수 있다! 곤충들은 성적 속임수에 넘어가고, 우리는 그 결실을 수확하여 맛있게 먹는다. 아니면 식물들이 다시 한번 의도적으로 속임수를 써서 우리 포유류가 열매를 따먹도록 유혹한 걸까? 이 얘기는 나중에 다루기로 하자.

꽃의 능동적 언어도, 향기 사투리와 마찬가지로, 지역마다 다르다. 흰색과 노란색 꽃은 곤충을 주로 끌어들이지만, 빨간색 꽃은 새들의 방문을 받을 확률이 더 높다. 그리고 독일의 경우 벌새 같은 수분 매개 조류가 흔치 않기 때문에 붉은 야생화도 찾아보기 어렵다. 그러나 남미에서는 야생화의 색깔이 고르게 분포되어 곤충과 새 모두를 유혹한다. 또한, 새들은 볼라틸롬을 별로 좋아하지 않고, 주로 달콤한 설탕물을 찾으러 온다. 그래서 남아프리카가 원산지인 극락 조화는 꽃꿀이 가득한 욕조를 마련하여, 꽃꿀을 먹는 깃털 달린 친구들, 태양새를 유혹한다. 자그마한 태양새가 활짝 열린 꽃잎 끝에 앉으면, 꽃가루가 발에 떨어지고, 이 새가 다음에 다른 꽃을 방문하면 발에 묻었던 꽃가루가 그곳에 떨어져 수분이 이루어진다. 극락조화는 새들이 울창한 숲속에서 꽃을 알아볼 수 있도록 아름다운 색소를 만들고, 이로 인해 극락조화 또는 앵무새꽃이라는 화려한 이름을 얻게 되었다. 하지만 이들에게 이름을 준 극락조나 앵무새는 자손을 남기는 데 부리나 발을 이용하진 않는다.

우리 인간은 꽃들이 이런 화려함으로 겨냥한 대상에 속하지 않음에도, 꽃의 언어를 그토록 강렬하게 '느끼는' 이유가 뭘까? 이것은 아직 완전히 밝혀지지 않았다. 오늘날 우리는 예비 시어머니나 장모님을 처음 뵙는 날은 물론이고 장례식에 이르기까지, 모든 대소사에 꽃을 준비한다. 서로에게 좋은 인상을 남기고 싶어 하는 건 당연한 일이다. 그리고 자연에서 안토시아닌 색소가 가득한 식물 생식기인 꽃만큼 인상적인 것은 아마 없을 것이다. 게다가 그 향기는 또 어떻고! 솔직한 마음으로 우리 자신을 성찰하면 다음과 같은 결론을 내릴 수밖에 없다. 우리는 꽃의 언어를 약탈하고, 오늘날 그것을 이용해 복잡한 인간관계를 관리하려 한다.

그렇게 함으로써 우리는 영국 빅토리아시대에 우스꽝스러움의 극치를 보였던 이른바 '꽃의 언어학(Floriografie)' 전통을 이어가고 있다. 그러나 빅토리아시대의 꽃의 언어에는 나름의 고유한 특성이 있

었다. 어떤 꽃들을 조합했느냐뿐만 아니라 어떻게 전달되느냐도 중
요했다. 영국의 19세기는 특히 귀족 여성들이 매우 화려하게 꾸미고
엄격한 에티켓을 지키며 사는 시대였다. 또한, 이들은 극도로 지루
해하며 사는 경우가 많았다. 그래서 당시에 특히 젊은 귀족들 사이에
여가에 식물학 서적을 읽는 것이 인기를 끌었던 것 같다. 이것 말고
는 그 이유를 달리 설명할 방법이 없다. 빅토리아시대에 영국 제국주
의가 절정에 이르렀고, 이와 동시에 식물의 체계적 분류법도 발전했
다. 그렇게 영국 온실에서는 거의 매주 새롭고 이국적인 식물이 감탄
을 자아냈다. 지루하던 일상이 곧 꽃에 대한 집착으로 바뀌었고, 북
미와 프랑스에서도 꽃의 상징을 연구하는 것이 인기를 끌게 되었다.

당시 꽃의 언어학 ‘사전’이 처음 등장했는데, 그중에서도
1819년 루이즈 코르탕베르(Louise Cortambert)가 ‘샤를로트 드 라 투
르 부인’이라는 가명으로 낸 《꽃말 사전(Le Langage des Fleurs)》이 가
장 유명하다. 꽃에 따라 온갖 미묘한 메시지가 부여되었다. 예를 들
어, 데이지(“곧 갈게요”), 양귀비(“시간이 없어요”), 아이리스(“곧 소식 전
할게요”), 진달래(“경고합니다”), 하얀 장미(“미안하지만 못 하겠어요”) 등
은 아마도 지금 우리가 사용하는 윙크나 복숭아 이모티콘 구실을 했
을 것이다. 그 외에도 꽃다발을 건네줄 때 어느 손을 사용해야 하는
지, 어떻게 묶어야 하는지 등 여러 추가 정보도 들어 있다. 그런데 서
로 다른 저자의 꽃말 사전을 사용하는 바람에, 우습게도 꽃의 암호
를 해독할 때 여기저기서 오해가 생기기도 했다. 오늘날에도 종종
이모티콘이 의도한 것과 다르게 해석되기도 한다. 영국과 중국에서

523명을 대상으로 실시한 연구에서 인상적으로 밝혀졌듯이, 메시지 해석에는 확실히 사회적, 세대적, 문화적 차이가 있다.[7] 결론적으로 말해, 당시의 젊은이들은, 아마도 특히 여성이 예의범절을 지켜야 하는 매우 엄격한 사회 분위기 속에서, 비언어적 의사소통으로 자신의 감정을 표현하는 데 관심이 컸을 것이다. 젊은 연인들은 공개적으로 호감이나 거부감을 표현하여 '체면을 잃는' 일을 해선 안 되었다. 특히 부유한 계층에서는 완벽한 가문에 누를 끼쳐선 안 되었다. 다행히 오늘날 우리는 그보다 더 발전했다. 아니면, 공영방송이 왕실 여성의 모든 복장에 대해 내놓는 논평들이 결국 꽃말 해석과 같은 것일까?◎

이렇든 저렇든, 우리에게는 이미 꽃말이 있고, 모든 상황에 걸맞는 적절한 꽃이 있다. 사람들은 서로 무언가 메시지를 전하고 싶을 때, 일반적으로 식물을 상징으로 사용해왔다. 종교적 의미부터 미술에 사용된 비유에 이르기까지, 극동의 전통부터 고대 이집트의 신 숭배에 이르기까지, "꽃으로 말해요"는 모든 내성적이고 비밀스러운 사람들의 공통된 접근 방식이다. 몇몇 꽃들은 상징성이 매우 명확하다. 백수련은 밤에 꽃을 닫고 어떨 땐 물속으로 잠겼다가 다음 날 아침에 다시 꽃을 피운다. 부활과 새로운 시작을 상징하기에 완벽하다! 나는

◎ 영국 왕실 사람들은 오늘날에도 여전히 축하 행사에서 상징적 의미가 담긴 작은 꽃다발에 노스게이(nosegay), 포시(posy), 투시머시(tussie-mussie) 같은 우스꽝스러운 이름을 붙여 들고 다닌다. 정말 장엄한 난리법석이 아닌가! 나는 영국인이므로 이렇게 말해도 된다.

이것을 지속 가능한 재활용의 좋은 모범이라고 말하고 싶다.

밸런타인데이에는 빨간 장미를 선물하고, 어버이날 미국에서는 카네이션을, 호주에서는 국화를 산다. 신부의 부케에는 안개꽃과 유칼립투스를 넣고, 크리스마스에는 '크리스마스별'이라 불리는 포인세티아를 부지런히 산다. 미국에서만 매년 크리스미스 시즌 6주 동안 포인세티아가 약 7,000만 개나 판매된다. 아이러니하게도 전 세계에서 판매되는 포인세티아의 약 절반은 독일에 뿌리를 둔 캘리포니아 원예회사 폴에케랜치(Paul Ecke Ranch)에서 생산되고, 나머지 절반은 폴에케랜치로부터 라이선스를 취득한 아프리카 농장에서 생산된다. 이 식물은 일반적으로 얼마 지나지 않아 붉은 잎을 모두 잃고 결국 쓰레기통에 버려진다.

시장조사에 따르면, 꽃 시장은 2023년에 300억 달러의 수익을 냈고, 점점 상승하는 추세다. 독일에서만 1인당 연간 100유로 이상이 꽃다발과 관상용 식물에 지출된다. 이벤트 장식, 결혼식, 생일 축하용에서 수요가 증가하여 꽃 산업은 더욱 성장할 것으로 예상된다. 폴에케랜치의 설립자이자 스스로 반자본주의자라고 선언한 마그데부르크 출신의 알베르트 에케(Albert Ecke)는 이민을 갈 때 이런 점을 염두에 두었을까? 그리고 서구에서 '일회용 제품'으로 소비될 장미를 에티오피아에서 재배하는, 신식민주의에 가까운 현실에 대해 나는 아직 언급조차 하지 않았다.

그러니까 우리는 어딘가 잘못된 방향으로 식물의 언어를 배우고 있는 셈이다. 물론 꽃은 아름답고 멋지지만, 국빈 방문 때 연방의 회 연단 좌우에, 해외에서 잘려 온 화려한 이국적인 꽃(식물의 생식기)을 꼭 세워둬야만 할까? 인건비가 하루 2유로면 충분하다고 해서 먼 나라에서 재배되고, 이미 살충제와 엄청난 양의 식수가 없으면 재배할 수 없는 과도하게 개량된 꽃이 정말 우리에게 필요할까? 우리의 토종 꽃들이 정말 그렇게 볼품없을까? 어쩌면 꽃의 언어에서도 리셋이 필요한 것 같다. 자신의 기대를 의심해보고, 취향을 다시 생각해볼 필요가 있다. 이것은 지구를 보존하는 방식의 소비 생활을 위해 식습관을 바꿔야 하는 것과 매우 유사하다.

하지만 우선 식물과 주변 환경 사이의 의사소통으로 돌아가보자. 향기와 눈에 보이는 향연, 모든 수분 매개 동물을 향해 명확히 보내는 '유혹의 윙크', 입 없이도 소리를 내고, 소리 없이도 말하는 식물의 요령으로 돌아가보자. 지금까지 우리는 눈에 보이는 꽃들에서 일어나는 상호작용을, 마치 놀이터 옆 벤치에 홀로 앉아 있는 낯선 사내처럼, 살짝 은밀하게 지켜보았다. 하지만 이제부터 조금 더 친밀해질 것이다. 식물의 능동적 언어는 잔디밭 가장자리에서 멈추지 않고, 우리 발밑에서 계속되어, 누구에게나 인기 있는 열매가 달린 꼭대기까지 이어지기 때문이다. 그러므로 유혹과 정직을 다루는 식물의 '지상' 언어의 세계로 모험을 떠나보자. 이브가 정말로 인류 최초로 사과를 먹었든, 아니면 일이 다르게 전개되었든 상관없이, 선악을 알게 하는 나무에 열린 과일은 처음부터 우리 인간을 겨냥해 유혹의 메시지를 보냈다.

열매 얘기를 해보자. 사과는 열매다. 이 얼마나 훌륭하고도 자연스러운 문단 연결인가! 앞에서 이미 다룬 것처럼, 식물은 저어도 두 가지 언어를 사용한다. 다른 식물과 소통하는 데 주로 사용하는, 휘발성 유기화합물의 보이지 않는 언어. 그리고 동물과 소통하는 데 주로 사용하는, 꽃의 모양이나 색상 같은 눈에 보이는 언어. 여기에 세 번째 언어가 추가된다. 열매의 언어는 포유류(따라서 인간도!)를 정확히 겨냥해 설계되었다. 이것은 다음과 같은 세 가지 주장을 통해 입증된다. 이제 출발하니, 안전벨트를 꽉 매시라.

첫째, 색상이다. 우리는 꽃의 색상 언어가 자외선 활주로와 확실히 중의적인 패턴으로 곤충을 주로 유혹한다는 얘기를 이미 다루었다. 수분이 되면 열매가 맺히고, 다음 세대는 맛있는 열매 안에서 풍부한 과즙에 둘러싸이게 된다. 열매가 익으면 식물은 갑자기 의사소통 대상을 바꾼다. 이제부터는 씨앗을 가장 멀리 운반할 수 있는 동물을 겨냥해 화학 언어를 사용한다. 이들이 겨냥한 동물은 새 이외에 특히 포유류다. 우리의 망막에 있는 수용체는 빨간색에 특히 민감하고, 빨간색은 주변의 녹색 잎사귀와 아름다운 보색 대비를 이룬다. 이런 대비 덕분에 열대우림 속의 원숭이 또는 온실의 농부는 간절히 찾던 비타민 폭탄을 풀숲에서 쉽게 발견할 수 있다. 물론, 모든 열매가 빨간색은 아니다. 하지만 대부분이 주변에서 도드라지는 강렬한 색상이다. 강렬한 색상의 열매를 맺지 않는 식물이라면 분명 귀중한 씨앗을 퍼뜨리기 위한 다른 전략을 갖고 있을 것이다.

둘째, 질감이다. 잘 익은 열매는 색깔이 변할 뿐 아니라, 말랑말랑 부드러워진다. 식물은 진화 과정에서 여러 차례 독자적으로 이런 기술을 발명했다. 씨앗이 준비되지 않았으면 수확할 이유도 없다. 씨앗이 독립에 필요한 모든 것을 엄마식물로부터 받았을 때 비로소 과육이 생화학적 과정을 거쳐 씹기 쉽게 부드러워진다. 껍질이 있다면, 그 껍질을 벗기는 법을 배운 특정 동물을 겨냥했을 터다. 탐스러운 과피(열매의 껍질을 이렇게 부른다)에 둘러싸인 씨앗은 테스타라는 씨앗 껍질에 감싸져 있다. 테스타는 포유류의 장에 있는 위산으로부터 씨앗을 보호하여, 발아하기에 최적의 조건을 갖춘 완벽한 상태로 씨앗이 소화관을 다시 빠져나갈 수 있게 맞춤 제작된다. 다시 말해, 테스타는 위산 때문에 존재한다. 순수 과일주의자, 그러니까 과일만 먹는 사람과 과일은 멋진 공진화라고 부를 수 있을 만큼 서로 잘 맞는다. 둘은 서로에게 이익이 되는 윈윈 관계다.

셋째, 맛이다. 물론, 덜 익은 열매는 맛이 없다! 색상과 질감만으로도 우리는 열매가 잘 익었는지 덜 익었는지 충분히 알 수 있다. 또한, 새나 원숭이, 사람 같은 동물은 식물로부터 제공받은 것을 종종 최애 음식으로 정한다. 잘 익은 열매가 방출하는 휘발성 화학물질, 더 정확히 말해, 향은 종종 한 입 베어 물기도 전에 벌써 입에서 살살 녹는 경험을 약속하며 침샘을 자극한다.

2019년에 발표된 한 연구는 식물이 정말로 약속을 지키는지 확인했다.[8] 마다가스카르의 라노마파나 국립공원에서 식물 28종을 조사했다. 열매가 환상적인 향으로 약속한 것을 그대로 지킬까? 다시 말해, 매력적인 휘발성 화학물질 혼합물(향)과 실제 영양소 함량 사이에 상관관계가 있을까? 이 섬나라는 여우원숭이로 유명한데, 이들은 후각과 큰 눈을 이용해 숲에서 과일을 찾아낸다. 지금까지 식물 거짓말탐지기가 알아낸 가장 중요한 사실은, 열매의 향과 당도 사이에 실제로 긍정적 상관관계가 있다는 것이다. *휴, 이번에는 예외적으로 우리가 속지 않았다!* 난초에 속은 실망감을 금세 잊어버리는 수컷 칼말벌과 달리, 과일을 먹는 우리 인간은 속임수를 기억했다가 반드시 보복한다. 그래서 식물은 인간 또는 다른 '고등동물'에게 거짓 약속을 할 수가 없다. 물론, 식물학에서는 이것을 '정직한 신호'라고 표현한다. 정직한 신호의 진화는 종자식물과 종자를 퍼뜨리는 동물 사이의 정직한 협업에 매우 중요했다.

그런데 마다가스카르 연구에서는 잘 익은 과일의 향과 특정 지방, 단백질, 비타민 함량 사이에 상관관계가 없다고 밝혀졌다. 그러니 적어도 우리가 여우원숭이라면, 우리는 향보다는 특히 단맛을 좇을 것이다. '취향 문제'는 매우 흥미로운 주제라서, 아무래도 별도의 책으로 정리해야 할 것 같다. 여기서는 사람들이 매운 음식을 좋아하는 이유 정도만 다루기로 하자. 왜 인간은 매운맛을 좋아할까? 엄밀히 말하면 매운맛은 '단맛'이나 '짠맛' 같은 맛이 아니라, 다양한 화학물질에 의해 발생하는 감각이다. 무엇보다 고추의 캡사이신 성분 때문이다. 캡사이신은 온몸의 신경세포에 위치한 이온 수용체 TRPV1에 결합하고, 실제로 통증 인식을 담당한다. 고추 성분이 이 수용체에 결합하면 칼슘 이온이 신경세포의 세포막을 통과하면서 활동전위가 발생한다. 이 전기 신호는 다음과 같은 메시지를 뇌에 전달한다.

"비상! 네 몸이 불타고 있어. 뭐라도 해봐."

하지만 여기서 그치지 않고 엔도르핀도 방출된다. 엔도르핀은 신체가 자체적으로 생산하는 아편처럼 통증 감각을 완화한다. 이윽고 처음에 느꼈던 공포감이 금세 행복감으로 바뀐다.

매운 음식을 먹으면 처음에는 고통스러운데도, 계속해서 매운 음식을 먹는 이유는 뭘까? 흥미로운 일은 여기서부터다. 이 부분에서 우리는 여느 포유류와 약간 다르다. 우리는 고추가 실제로 우리를 불태우지 않는다는 것을 알게 되었다. 그러니까 순전히 합리적인 결정 외에도, 양육 방식, 사회적 환경, 문화적 측면도 입맛에 영향을 미친다. 몇몇 연구에 따르면, 이런 감각적 역설은 우리의 본성이고, 우리는 모두 아드레날린 중독자라 할 만하다. '달콤한 고통'이나 '온건한 마조히즘' 같은 용어는, 겉보기에 부정적인 경험에서 쾌락을 얻을 수 있다는 역설을 설명한다.[9] 고공낙하를 생각해보라.

그렇다면 식물은 우리의 은밀하고도 달콤한 마조히즘을 충족시키기 위해 캡사이신을 발명했을까? 아마 아닐 것이다. 다음 장에서 자세히 살펴볼 예정이므로 여기서는 간단히 설명하겠다. 고추에 들어 있는 매운 물질은 항균 효과를 비롯해 여러 가지 효과가 있어 질병으로부터 고추를 보호한다. 또한, 동물과 소통하는 데 필요한 도구이기도 하다. 새들은 TRPV1 수용체의 돌연변이 덕분에 캡사이신의 매운맛을 느끼지 못한다.◉ 어쩌면 고추 같은 매운맛 식물은 의도적으로 포유류를 쫓아내고, 씨앗을 급행으로 운반하기 위해 익룡(적어도 남아 있는 익룡)을 선택했을 수도 있다. 이런 방식으로 식물의 자손은 가능한 넓은 지역에 퍼지고, 심지어 산맥을 넘을 수도 있다. 그러니 안데스산맥에 서식하는 고추는 씨앗을 확산하기가 훨씬 유리할 것이다.

오늘날의 다양한 고추 품종은 매운맛을 잘 참는 가금류를 위해 개량된 것이 아니다. 오늘날 야생 유전자를 길들인 덕분에(2장 참조) 인간은 기분 좋은 정도의 매운맛에 향까지 좋은 다양한 고추 품종을 선택할 수 있게 되었다. 여기서 분명히 밝혀야 할 것이 있는데, 우리가 즐기는 과일의 90퍼센트 이상은 우리가 만들어낸 것이다. 그러니 우리 자신에게 고마워해야 한다. 동물의 입맛에 맞는 특정 과일 맛은 자연 선택을 통해 정해졌다. 우리 인간은 계속해서 음식을 실험하고, 개선하고, 새로운 것을 시도한다.

매운 고추를 즐기는 놀라운 역설이 보여주듯이, 맛과 음식에 관해서는 순전히 육체적 욕구를 만족시키는 것을 넘어서는 더 높은 차원이 존재한다. 우리는 단지 칼로리를 섭취하기 위해 음식을 먹는 것이 아니다. 우리는 자신에게 의미 있는 것, 자신의 정체성을 정의하

◉　그러므로 닭이 매운 고추를 먹어도 아무 문제없다.

는 것을 먹는다. 우리가 먹는 음식은 누군가 혹은 무언가를 떠올리게 하는 익숙한 냄새 또는 옛날이야기와 같다. 음식은 매우 감정적이다. 이 모든 것을 매력적인 식물이 우리에게 준다. 그리고 아마도 그렇기 때문에, 한정된 지구에서 벌이는 생존 경쟁 그 이상의 무언가가 식물과 인간 사이에 있다는 것을 받아들이기가 더 쉬울 것이다. 식물과 인간 사이에 소곤소곤 속삭임이 있다. 뿌리 왕국에서도 마찬가지인데, 알다시피 어둠 속에서는 감각이 훨씬 예민해지기 때문이다.

월드 와이드 뿌리웹의 정보 위기

정원의 흙 한 줌에 사는 생물의 수가 지구에 사는 사람 수보다 더 많다는 얘기를 어딘가에서 읽은 적이 있다. 그것이 사실인지는 잘 모르겠다. 그리고 정원에 따라 분명 다를 것이다. 하지만 강조하고 싶은 것이 있는데, 정원 관리의 성패는 흙에 달려 있다. 즉, 정원을 잘 가꾸려면 활기 넘치는 살아 있는 토양을 인내심을 갖고 정성스럽게 만들어나가야 한다. 흙 속의 생명체를 우글거리는 카오스, 감각도 이성도 없이 기어다니는 무리쯤으로 생각해서는 안 된다. 생명은 좋은 토양에서 번성한다. 좋은 토양은 번영하는 도시와 같다. 이때 식물은 모든 기본 인프라를 구축한다. 식물은 뿌리로 터널을 뚫고, 나중에 작은 동물들이 이 터널을 고속도로로 이용한다. 교통섬, 휴게소, 공원, 작은 강도 마련한다. 식물의 뿌리는 숨겨진 작은 생태계를 만들고 유지하고, 균류 및 박테리아 동맹과 함께 질서를 만들 뿐 아니라, 매년 대기에서 무려 60기가 톤의 탄소를 빨아들인다. 따라서 발밑의 뿌리 왕국은 기후 위기 완화에 도움을 준다. 심지어 뿌리는 지상의 바이오매스 전체보다 더 많이 이산화탄소를 저장한다.[10]

식물, 균류, 박테리아가 토양에 구축한 소셜 네트워크는 우드 와이드 웹(Wood Wide Web)으로도 알려져 있는데, 나무만이 아니라 모든 풀까지 포함하는 '월드 와이드 뿌리웹'이라는 용어를 쓰는 게 더 나을 것 같다. 인터넷과 비교하는 데는 그럴 만한 이유가 있다. 우선, 토양은 어떤 의미에서 식물이 세상으로 나가는 관문이다. 1장에서 우리는 육상식물의 진화와 균류의 진화가 처음부터 밀접하게 연관되어 있음을 확인했다. 뿌리와 균사체는 글자 그대로 서로 얽혀서 역동적으로 성장하는 촘촘한 네트워크를 형성하고, 신경망을 닮았을 뿐 아니라, 순전히 조직적 관점에서도 인터넷과 유사하다.

뿌리 왕국에서는 많은 활동이 일어나고, 유기물질과 정보가 활발히 교환된다. 토양 박테리아는 식물과 균류의 고속도로를 달리는 작은 속도광이다. 이들은 이동성이 뛰어나고, 좁은 공간도 뚫고 지날 수 있다. 말하자면 토양 도시 곳곳을 헤집고 달리는 전동 킥보드와 비슷하다. 이웃한 식물끼리는 뿌리액(전문용어로 뿌리 삼출물이라고 한다)과 기체 상태의 전달 물질인 휘발성 유기화합물을 통해 소통한다. **그렇다, 땅 밑에도 공기가 있다.** 숨 쉬기 편한 토양이 좋은 토양이다. 그러므로 짓눌린 토양은 나쁜 토양이다. 뿌리가 서로의 소리를 '들을 수' 없기 때문이다. 짓눌린 토양이 식물의 성장 자체에 극적인 악영향을 미치는 건 아니다. 내가 항상 감탄하며 관찰하듯이, 완두콩은 짓누르는 진흙 속에서도 버터를 바른 듯 부드럽게 뿌리를 잘 내린다. 그러나 이웃 뿌리의 신호를 받지 못하는 것은 문제가 된다. 흙 속에서 휘발성 유기화합물의 주요 임무는 뿌리가 엉키지 않게 하는 것이다. 그들은 끊임없이 "안녕, 내가 간다!"라고 외친다. 통풍이 잘되지 않으면, 뿌리는 짙은 안개 속에서 움직이는 것처럼 다른 뿌리를 보지 못하거나 올바른 출구를 놓칠 위험이 있다. 뿌리 끝은 자기네끼리 서로서로 그리고 공생 관계인 균류와 끊임없이 소통하며 균근을 형성한다. 간략히 요약하면, 이끼에서 세쿼이아에 이르기까지 모든 식물의 90퍼센트 이상이 이런 공생 관계를 맺고 산다. 이런 공생 관계는 양분과 수분을 작업하여 식물 성장을 개선한다. 또한, 많은 경우 식물의 면역 체계를 강화해 스트레스 상황에 더 잘 대처하게 하고, 주변 식물에 메시지를 전달하기도 한다.

우리의 사랑스러운 식물들은 육지로 올라온 이후로 광합성 생산물의 막대한 양을 의사소통에 투자해왔다. 그들은 공기와 빛으로 힘들게 생산한 화합물을 환경으로 내보낸다. 어떤 사람들은 이것을 낭비라고 부르고 싶으리라. 하지만 아니다. 이것은 그들의 생태적 보금자리를 능동적으로 가꾸기 위한 수단으로, 수백만 년에 걸쳐 확장하고 유지해온 투자다. 식물은 땅에 발이 묶여 있고, 몸을 움직여 벽지를 교체할 수가 없다. 그래서 그냥 벽지에 색을 새로 입힌다. 그들은 능동적인 공간 디자이너로서 화학적, 물리적 방법으로 주변 환경을 고치고 생태계를 취향에 맞게 디자인한다.

"내 세상은 내 맘대로 내가 만든다."

이때 그들은 매우 사무적으로 작은 미생물들과 서로 논의하고 예측하고 계산한다. 그들은 매우 엄격하여 팀원들을 '유용한지' '방해만 되는지' 구분하여 누구는 승진시키고 누구는 밀어낸다. 어떨 땐 두 집단 사이를 이간질하여 자기들을 대신해 한 집단이 다른 집단을 해치우게 한다. 더러운 일을 할 때는 다른 손을 빌리는 것이다. 모든 숲, 모든 밭, 발코니의 모든 화단에서 이런 드라마가 펼쳐진다.

뿌리 왕국은 매우 흥미로운 곳이지만, 연구하기가 매우 어려운 체계다. 뿌리를 파내지 않고도 뿌리에서 1밀리미터 떨어진 바로 옆의 물질 이동량을 어떻게 측정할 수 있단 말인가? 나는 박사학위 논문을 쓰는 동안 '분주한 경계층'에 대해서도 연구했다. 분주한 경계층은 박테리아, 균류, 식물세포들이 미친 듯이 마구 떠들어대는 구역으로, 다행히 잎 표면에 있다. 휘발성 물질이나 분비물을 측정하거나, 잎에 사는 생명체를 분리하거나, DNA를 추출하려면, 간단히 잎을 씻긴 후 그 '목욕물'의 내용물을 분석하기만 하면 되었다. 뿌리 왕국 연구자들은 훨씬 더 힘들다. 토양생물은 방해받지 않을 때만 활동하고, 균사체와 다른 생명체들의 미세한 네트워크는 살짝만 방해해도 즉시 끊긴다. 하지만 뿌리 왕국의 공기 중에, 그러니까 흙 속에 뭔가가 있다는 증거와 건강한 식물에 대한 포괄적 그림을 얻으려면 땅 밑을 살필 필요가 있고, 그 당위성이 점점 커지고 있다. 뿌리 미생물군 연구는 그 어느 때보다 인기가 높고, 많은 사람이 이를 인간의 장내 미생물군과 관련지을 뿐 아니라, 장내 미생물군이 신체적, 정신적 건강에 미치는 예상치 못한 효과와도 비교한다.

'나무의 비밀스러운 삶'이나 '토양의 신비한 힘' 등이 대중에게 알려지고, 유기농이 정책적으로 장려된 이후로, 건강한 토양이 모든 것의 기초라는 사실은 거의 모두가 아는 상식이 되었다. 이런 움직임은 창의적 연구를 이어가는 데 좋은 배양토가 되지만, 불행히도 가짜 뉴스의 온상이 되기도 한다. 예를 들어, 숲에서 나무의 뿌리들이 땅속에서 함께 자란다는 주장을 자주 접하게 되는데, 이를 입증하는 진지한 연구를 나는 아직까지 발견하지 못했다. 때때로 식물이 묘목 때부터 바로 옆에 붙어 있으면 함께 자라는 경우가 있다. 하지만 이것은 예외일 뿐 규칙은 아니다. 일반적으로 다른 종의 나무는 어차피 호환성 문제가 있다. 말하자면 모두가 똑같이 사용할 수 있는 어댑터는 없다.

뿌리 왕국에 대해서는 이미 많은 것이 연구되었지만, 아직 연구되지 않은 것도 많다. 모든 일이 원래 그렇듯이, 복잡한 시스템은 단순한 사실로 설명될 수 없고, 복잡하게 얽혀 있는 변수를 줄이려면 '멸균된 실험용 숲' 같은 것이 필요하리라. 안타깝게도 우리의 기술이 아직 그렇게까지 발전하지 못했다. 그때까지 나는 뿌리 왕국에 관한 모든 새로운 연구와 특정 매개변수를 측정하는 모든 창의적인 방법, 모든 것이 올바르게 통제된 말끔한 실험 설정을 고대할 뿐이다. 그러나 이 주제에 관한 새로운 연구, 특히 '토양생물에 대한 유일한 진짜 모델'이나 그와 비슷한 내용을 제시하는 연구가 있다면, 의심해보기 바란다. 우리는 이제 겨우 시작 단계에 있기 때문이다.

최근 연구 자료에 따르면, 식물의 '지하 융합'보다는 관리가 잘
된 일종의 '뿌리 유기농 마켓'이 훨씬 더 그럴듯해 보인다. 나무들은
활발하게 거래한다. 수요와 공급에 따라 유기농 상품이 교환되고, 균
류는 때때로 심판자나 중개자 역할을 하고 때로는 호객을 돕는다. 솔
직히 너무 의인화하여 설명했다. 하지만 어쩌겠는가? 우리 인간이라
는 존재는 자기가 생각하는 도덕성이나 공정성을 그냥 자연에 적용
하고 요구할 때가 많다. 자연에서는 다른 규칙이 적용되고 인간의 규
칙은 그냥 맞지 않는데도 말이다. 뿌리 왕국의 연구가 진정한 양자
적 도약을 이루려면, 낭만적 성향의 생물학자(자기비판적으로 성찰하건
대 나도 그들 중 한 명인 것 같다)의 이상화된 글은 줄고, 기초연구 지원
금이 더 많아져야 한다. 이것은 무엇보다 정말로 지속가능한 임업에
큰 도움이 될 것이다. 2023년에야 비로소, '토양미생물 공학'이 무엇
을 할 수 있는지 정리되었다.[11] '토양미생물 공학'은 자연적 또는 인공
적 토양생물의 활용을 연구하고, 정교한 요리 레시피의 재료처럼 미
생물의 양을 정밀하게 조절하여 영양가 높은 수프에 혼합한다.

미생물군: 냄새 요리실과 직감

언뜻 보기에 매우 매력적인 아이디어다. 식물 뿌리와 그들의 동
맹인 미생물의 '자연적인' 시스템이 너무 복잡하여 이해하기 어렵다
면, 정해진 재료로 박테리아 수프를 요리하여 식물에게 준 다음 무슨

일이 일어나는지 관찰하는 것이다. 환경미생물학이 사용하는 접근 방식이 이와 비슷하다. 환경미생물학은 뿌리 왕국을 개별 요소로 말끔하게 떼어놓는다. 그런 다음 각 박테리아가 실제로 무엇을 하는지 관찰하고, 미생물을 일일이 조합하여, '토양생물군'이 궁극적으로 부분의 합보다 더 큰 이유를 더 많이 밝혀내기를 희망한다. 연구자들이 실제로 온갖 그릇과 접시, 저울과 숟가락, 재료 목록과 분량표를 들고 실험실을 돌아다니기 때문에, 정교한 요리 기술과 비교하는 것은 우연이 아니다.

집에서 카레 가루를 직접 만들 때처럼, 그러니까 각종 향신료를 정교하게 잘 혼합할 때처럼, 토양생물에 맞는 적정 비율을 찾는 것이 중요하다. 너무 맵나? 그렇다면 아마도 고초균이 부족한 것일 수 있다. 조금 더 진해도 괜찮을 것 같다. 그러니 아조스피릴럼 브라실렌스를 한 꼬집 첨가해볼까……. 오, 이런! 이제 너무 짜졌다! 아무래도 브라디리조비움이 한 스푼 더 들어가서 그런 것 같다. 그리고 여기에서도 취향이 중요한 역할을 한다. 다만, 이번에는 식물의 취향에 맞춰야 한다. 식물 미생물군의 구성 요소는, 카레 요리와 비슷하게 지역마다 다르다. 원산지에 따라 여기서는 이런 향, 저기서는 저런 향이 강하게 두드러진다. 요약하자면, 미생물 향신료 혼합은 지역 상황에 맞을 때 비로소 완벽해진다.

온갖 어려움에도 불구하고 식물의 소셜 네트워크를 탐구하려는 순수한 호기심으로, 과학자들은 수년 동안 창의력을 발휘하여 온갖 재미있는 측정 도구를 만들었다. 뒤셀도르프 하인리히하이네대학교의 엘리자 루(Eliza Loo) 박사가 이끄는 연구팀은 2024년에 배양기가 부착된 세로로 길쭉한 샬레를 선보였다. 이 샬레로는 식물 뿌리를 따라 미생물의 분포를 연구할 수 있다. 그들은 모델 식물인 애기장대를 이용한 첫 번째 연구 결과를 과학 학술지《셀 호스트 앤 마이크로브(Cell Host & Microbe)》에 발표했고, 이 모든 것이 훨씬 더 복잡하다는 사실을 학계에 보여주었다.[12] 어떤 '좋은' 박테리아와 '나쁜' 박테리아가 뿌리 삼출물의 어떤 물질에 매혹되거나 배척되는지는 전적으로 식물에 좌우될 뿐만 아니라, 연구팀이 뿌리를 따라가며 '어떤 자리'를 자세히 살폈는지도 큰 역할을 한다! 뿌리 끝을 살폈는가? 뿌리 끝에서 몇 밀리미터 위에 위치한 소위 분지 지점을 살폈는가? 아니면 곁뿌리? 그렇다면, 얘기가 완전히 달라진다.

엘리자 루는 뿌리의 어느 구역, 즉 얼마나 깊은 곳을 측정하느냐에 따라 발견되는 화학물질과 박테리아가 다르다는 것을 보여주었다. 특정 구역에서는 박테리아가 식물을 자극하여 당 덩어리를 만들게 한다. 그래서 이 구역의 뿌리 삼출물에는 당이 더 많이 함유되어 있다. 연구자들은 돌연변이로 인해 당을 분비하지 못하게 된 식물로 같은 실험을 수행했다. 여기서는 박테리아들도 계획을 바꿔 평소와 전혀 다른 뿌리 구역에 거주했다. 그러므로 연구 결과에 "우리는 아무것도 모른다"라고 적어야 맞을지도 모른다. 우리 과학자들은 언제나 낙관적이기 때문에, 연구 결과를 발표할 때는 다음과 같이 미래 지향적으로 적는다.

"이 연구는 뿌리 화학물질과 토양 박테리아의 상호 의존성을 훌류하게 보여주고, 뿌리 왕국의 미생물 다양성을 연구하는 것이 얼마나 중요한지 보여준다.”

미생물 다양성 얘기가 나와서 말인데, 식물 뿌리의 무수한 박테리아가 식물의 건강에 중요한 것처럼, 우리 소화기관에 사는 무수한 미생물도 우리의 건강에 중요하다. 그리고 우리는 이번 요리 비유에서 순식간에 입에서 항문까지 왔다. 이렇게 된 김에, 진짜 똥 얘기를 간략히 해보자!

뿌리 왕국의 미생물 구성이 식물 건강에 중요한 역할을 할 거라는 생각은 특히 인간 의학 연구에서 왔다. 새로운 활성 성분을 개발하는 경우처럼 대개는 식물이 인간에게 영감을 주는데, 여기서는 그 반대였다. 2013년 네덜란드의 한 연구가 특히 주목을 받았다. 이 연구는 건강한 사람의 장내 박테리아를 병든 사람에게 이식하는 과정을 조사했다.[13] ‘병원’에서 주로 감염되는 병균인 클로스트리디오이데스 디피실로 인해 심각한 설사병을 앓는 환자들에게 항생제 또는 건강한 사람의 대변을 튜브로 코에서 장으로 주입하여 치료했다. 이 연구는 곧 놀라운 전환점을 맞았다. 대변을 이식 받은 환자 16명 중 13명이 단 한 번에(!) 놀라울 정도로 회복되었다. 나머지 세 명 중 두 명은 다른 기증자의 대변으로 다시 치료를 받았고 성공적으로 회복되었다. 이렇게 놀라운 성공률(94퍼센트)은 의학 연구에서 거의 전례가 없었고, 항생제를 투여한 대조군은 무시할 만한 수준이었다. 클로스트리디오이데스 디피실 감염에는 장내 미생물군이 항생제보다 몇 배나 더 효과적이었기 때문이다.

이 연구 결과는 '대변 이식'의 체계적 연구에 날개를 달아주었다. 기증자의 미생물군을 환자에게 이식하는 방법은 다양하다. 초기의 방법들 중 상당수는 잔인했고 역겹기까지 했다. 하지만 오늘날에는 다소 쾌적하게 변형되었다. 건강한 장내 미생물군을 분리하고 동결 건조하여 캡슐에 넣어 복용하거나 요구르트에 섞어 복용한다. 물론, 여전히 기분이 이상하고 얼굴이 찌푸려지겠지만, 기본적으로 혈액 수혈이나 골수 기증처럼 '물질 교환'과 비슷하다. 다양한 종자를 종자은행에 보관하는 것과 비슷하게, 장내 박테리아의 생물 다양성도 관리된다. 귀중한 대변 샘플을 보관하기 위한 대변은행(멋진 단어다!)이 전 세계적으로 점점 더 많이 생겨나고 있다.

저널리스트 피터 앤드레이 스미스(Peter Andrey Smith)는 〈뉴욕타임스〉에서, 보건 당국이 이런 새로운 움직임에 제기한 문제의식을 다음과 같이 설명했다.

"'좋은' 박테리아와 함께 '나쁜' 박테리아도 같이 이식될 가능성이 크고, 병원균에 오염되지 않게 하는 광범위한 검사 시스템도 필요하다. 그리고 그런 건 하룻밤 사이에 만들어질 수 없다."[14]

하지만 일은 이미 벌어졌고, 일반인이 지하실에서 그리고 (당시에는 아직 작았던) 오픈바이옴(OpenBiome) 같은 스타트업 기업들이 오래전부터 상품을 개발해왔기 때문에, 우선은 '대기업'부터 빗장을 걸어야만 했다. 이후에 드러났듯이, 타당한 조처였다. 2019년 6월에 미국 식품의약국(FDA)은 대변 이식으로 다제내성균(여러 종류의 항생제에 내성을 가진 세균―옮긴이 주)이 환자에게 전달된 사례 두 건을 보고

했다. 한 명은 죽고, 다른 한 명은 중병에 걸렸다.

이 일이 있은 후로 미생물 기반 제제의 승인 요건이 매우 까다로워졌다. 그럼에도 특히 지난 10년 동안 '대변 미생물 이식'이라는 새로운 분야를 받아들이는 국가가 점점 많아지고 있다. 이 치료법의 이점이 명백하고 적어도 자세히 연구해볼 가치가 있기 때문이다. 농작물 밑에 사는 토양생물의 삶처럼, 장내 박테리아의 우주도 다채롭고 활기차다. 훼방꾼과 팀 플레이어가 있고, 몇 가지 요령으로 훼방꾼을 몰아내고 팀 플레이어의 협력을 북돋을 수 있다. 식물 미생물군 연구의 끝에는 다음과 같은 공통된 근본적 질문이 있다. 미생물군은 도대체 왜 이런 기능을 할까?

이 질문의 답은 다시 식물과 인간이 공유하는 진화에 있는 것 같다. 식물과 인간은 다른 구조를 가졌으니 진정한 공진화는 아닐지 모르나, 적어도 전략적으로 비교할 만한 눈에 띄는 유사점이 있다. 모든 생명체는 생존하기 위해 양분이 필요하다. 다세포 동물과 식물은 양분을 효과적으로 흡수하기 위해 소화기와 뿌리라는 특별한 기관을 발달시켰다. 두 기관은 그 안에 서식하는 미생물과 긴밀히 협력하여 특히 중요한 양분을 마련한다. 음식물이나 토양에는 소화하기 어려운 성분도 있는데, 이것이 그냥 사라지기 전에 미생물들이 얼른 포착하여 분해한다. 또한, 어디쯤 있든 식물의 뇌 구실을 하는 뿌리와 동물의 뇌는 미생물과 소통할 수 있는 생화학 신호를 보낸다.

뿌리를 종종 '뒤집힌 장'이라고 부르는데, 여기에는 다 이유가 있다. 잘 알려진 장–뇌 축과 매우 유사하게, 식물에는 미생물과 숙주

사이의 화학적 쌍방향 소통을 기반으로 하는 뿌리-싹 축이 있다.[15] 그리고 인간의 몸이 위산, 점액, 면역세포 등을 통해 유익한 박테리아와 질병을 유발하는 박테리아의 건강한 비율을 조절하고 유지하는 것처럼, 식물이 지하의 미생물 동물원을 제어하는 도구들이 뿌리 왕국에서 거의 매일 새롭게 발견된다. 모든 것이 순조롭게 진행된다면 뿌리와 장은 몇 가지 생물학적 속임수로 미생물에게 일종의 '온화한 선택 압력'을 가할 수 있고, 이를 통해 팀 플레이어 박테리아가 어느 정도 이점을 누리는 환경을 조성할 수 있다.

질병에서도 뿌리-싹 축을 통한 소통이 중요한 역할을 한다. 애기장대를 이용한 실험에서 밝혀졌듯이, 잎이 감염되면 특정 미생물이 뿌리에 집결하여 식물의 면역력을 높인다.[16] 식물의 지상 부분이 기동성 있는 신호(아마도 전기 신호? 앞 내용 참조!)를 뿌리에 보내 공격을 '경고'하고, 뿌리는 삼출물 칵테일을 적절히 조절하여 반응한다. 뿌리 왕국으로 보내진 물질에는 평소처럼 "이봐, 양분을 잘게 갈아서 보내주면 고맙겠어!"가 아니라 "이봐, 이쪽을 도와줘야 할 것 같아!"라는 메시지가 들어 있다.

이런 2차 대사산물은 대개 뿌리에 스트레스를 유발하고, 그중 일부는 심지어 이중 역할을 한다. 예를 들어, 특정 쿠마린은 평소 철분을 분해해 뿌리에 공급하지만, 경고음이 울리면 모드를 바꿔 유능한 박테리아 전투부대를 선별한다. 나는 박사학위 논문에서 곰팡이병 방어 때 쿠마린이 하는 역할을 연구했다. 그 내용은 5장에서 좀 더 자세히 살펴보기로 하자. 전체 식물의 건강은 물론이고 인간의 신체적, 정신적 건강 역시 보이지 않는 동맹군에 달려 있다는 사실이 이제 분명해졌기를 바란다. 미생물은 식물과 인간이 지배하는 세상에서 함께 생존하기 위한 연결 고리다. 그러니 미생물을 하찮게 취급해선 안 될 것이다. 미생물 연구는 수년간 진행되었고, 그 추세를 지켜보는 것은 매우 흥미롭다.

결국, 정말로 요리와 비슷하다. 때로는 순전히 행운이나 우연 또는 약간의 경험으로 손님의 취향에 딱 맞는 요리를 만들기도 한다. 뿌리 왕국과 인접한 미생물 왕국의 언어로 번역하면, 퇴비는 항상 어떻게든 효과를 내지만, 너무 강할 수도 있다는 뜻이다. 게다가 이 방법은 자원 효율성이 낮고, 무한히 늘어나는 손님 수만큼 퇴비를 계속 늘릴 수도 없다(사업가들은 늘리기 어렵다고 표현한다). 외부에서 양분을 첨가하는 것이 불필요한 낭비인 경우도 있다. 정원사들은 콩, 완두콩, 렌틸콩 같은 콩과식물이 인간에게 좋은 영양소를 제공할 뿐 아니라, 토양에도 잔치를 베푼다는 것을 잘 안다. 콩과식물 같은 채소가 뿌리혹박테리아(근류균)와 공생하면서 질소를 마련하여 공급한다는 것은 이제 널리 알려진 상식이다. 콩과식물은 뿌리세포로 혹 모양의 '피난처'를 만들어 박테리아가 안전하게 머물게 한다. 이런 매우 긴밀한 협업 덕분에 대부분의 콩과식물에는 비료를 줄 필요가 없다. 미생물의 생화학적 초능력이 대기의 4분의 3 이상을 차지하는 질소가스를 질산염으로 바꿔 식물에 공급한다. 그러니 퇴비나 값비싼 미네랄 비료를 쓸데없이 낭비할 이유가 있을까? 현명한 윤작으로 마련된 질산염은 밭에 남아 다음 작물에 도움을 준다. 아니면 애초에 여러 작물을 섞어 심어, 콩과식물이 놀라운 비료 자급자족 능력으로 이웃한 밀과 감자에도 비료를 공급하도록 하는 게 좋지 않을까? 어쨌든 논란의 여지없이 확실한 건, 기후 위기라는 변화무쌍한 시대에도 안정적이고 환경 친화적인 방식으로 먹거리를 계속 생산하려면 토양생물를 지원하고 '이해해야' 한다는 점이다.

프라이부르크의 세포생물학자 토마스 오트(Thomas Ott) 연구팀은 뿌리혹박테리아의 공생을 다른 농작물에도 전달하는 방법을 연구하고 있다. 토마스 오트의 온실을 방문한 적이 있는데, 그때 그는 내게 미생물의 도움을 받은 몇몇 식물이 미네랄 비료를 준 대조군 식물만큼 싱그럽고 튼튼하게 자라는 매우 인상적인 모습을 보여주었다. 이 연구는 아직 초기 단계이지만, 혹을 만드는 능력을 갖추는 데 여러 유전자가 중요하다는 것은 확실하다. 유전자 전달, 즉 유전학 기술을 사용하지 않고서는 아마 불가능할 것이다. 독일에서는 유전학이 그다지 좋은 이미지가 아니기 때문에, 토마스는 일단 알려지지 않은 가능성을 소개하기 위해 그리고 이 주제에 더 개방적인 세계 시장을 겨냥해 이 프로젝트를 진행한다.

잘 생각해보라. 농작물의 자급자족 능력을 개선하면, 우리는 재배 비용과 자원을 동시에 절약할 수 있다. 또한, 이러한 기술을 사용하면 환경으로 방출되는 질소량이 크게 줄어 생태계를 보호할 수도 있다. 과도한 비료 사용의 주요 문제는 비료 성분의 상당 부분이 식물에 흡수되지 않고 강과 호수로 흘러들어가는 것이다. 그러므로 현대 유전학 기술을 이용해 '비료 자급자족 곡물'을 개량하는 것은 적어도 자세히 살펴볼 가치가 있다. 이 새로운 품종의 마케팅을 누가 어떤 조건에서 맡아야 하느냐는 또 다른 주제다.

식물 유전자의 어떤 변형도 필요치 않은 대안적 접근법이 있지만, 적잖은 회의론에 부딪힌다. 앞서 언급한 '토양미생물 공학', 즉 실험실의 건강한 식물을 위해 미생물의 양을 정확히 계량하여 인위적으로 혼합하는 방식이 유전자 변형과 맞먹는 유망한 결과를 보여준다. 내가 이 글을 쓰는 동안, 질병에 강한 수박의 미생물군을 다른 식물에 성공적으로 이식한 놀라운 연구 결과가 중국에서 발표되었다.[17] '뿌리 왕국의 대변 이식'은 다음과 같이 진행되었다. 두 가지 수박 품종을 온실에서 재배했다. 하나는 '개량된' 품종으로 곰팡이병에 매우 강했고 다른 하나는 취약했다. 연구진은 질병에 강한 식물의 뿌리 미생물을 분리하여 실험실에서 배양했다. 각 박테리아 종은 고유한 자기 모습으로 증식되었다. 발견된 16종의 미생물을 인위적으로 혼합한 칵테일을 물에 타서 질병에 취약한 수박에 뿌렸다. 이윽고 박테리아 칵테일이 개량되지 않은 취약한 수박을 시드름병균으로부터 보호한다는 것이 밝혀졌다. 다시 말해, 합성미생물군집(영어로 'Synthetic Community', 줄여서 'SynCom')은 뿌리 왕국의 프로바이오틱스 요구르트처럼 작용하여 한 품종의 저항력을 다른 품종에 전달했다. 지속 가능한 농업에 활용할 수 있는 영감을 주는 훌륭한 결과다.

그러나 여기에서도 우리는 다시 체계적으로 생각해야 한다. 모든 합성미생물군집을 주저 없이 모든 경작지에 뿌려도 될까? 이것이 자연적으로 형성된 토양생물의 균형을 깨지는 않을까? 그리고 이런 박테리아가 농장 밖으로 퍼지면, 생태계에 어떤 영향을 미칠까? 농업에서 합성미생물군집을 수용하는 속도는 느리다. 그리고 품종 개량과 마찬가지로, 낭만적이지만 지나치게 인간적인 가치관이 투영된 '자연' 관념에 발목이 잡혀 있다.

취미로 텃밭을 가꾸는 사람들 사이에서는 '유용미생물(EM)'로 만든 제품이 인기를 끌고 있는데, '토양 개선제'로서 전반적으로 건강한 채소의 수확을 약속하기 때문이다. 독일에서 유기농 재배에 사용이 허용된 '영양 수프'에 어떤 미생물이 들었는지 정확히 아는 사람은, 소위 세계를 바꿀 수 있는 EM 기술을 개발한 일본인 교수 히가 테루오(比嘉照夫)뿐일 것이다. 그는 수많은 국제 강연에서 그리고 특히 EM을 알리기 위해 설립한 에디션 이엠(edition EM) 출판사가 출간한 《지구를 살리는 대변혁(新地球を救う大變革)》 같은 '소박한' 제목의 책들에서 이것을 설명한다. 영양이 풍부한 EM 용액의 예상되는 효과 그 이상을 보고하는 진지한 연구 결과는 아직 없다.◎ 그러나 히가 테루오와 그의 동료들은 강연 투어에 반년을 쓰고, 선교 활동을 연상시키는 홍보 활동을 위해 교수 업무를 제쳐두고, 부업으로 '원액'(EM1, 현재 리터당 37유로)부터 세라믹 제품(EM컵, 현재 44.9유로)에 이르기까지 온갖 상품을 판매하고 있다. 세라믹 제품은 유용미생물

◎　EM 용액에는 특히 설탕 생산 과정에서 나오는 달콤하고 부드러운 부산물인 당밀이 다량 함유되어 있다. 유용미생물 연구(그 수는 많지 않음)에 따르면, 당밀은 식물에 긍정적 효과를 미친다.

에 담갔다가 구운 것인데, 이렇게 하면 세라믹 자체뿐 아니라 거기에 담은 음식과 음료도 '질적으로 개선된다'라고 선전한다.

미생물이 식물 생장에 매우 중요한 것은 분명한 사실이다. 외부와 소통하지 못하고, 박테리아나 효모 등과 차담을 나누지 못하는 뿌리의 삶은 고난의 연속일 것이다. 우리는 식물이 토양생물와 계속 소통할 수 있게 도울 수 있다. 그럼에도 우리가 과학적이고 체계적인 접근 방식(합성미생물군집)을 미심쩍어 하면서, 오히려 '뭐가 들었는지 모를 혼합액', 즉 유사과학적 난센스로 가득 차 있지만 소위 더 자연스러울 뿐 아니라 상업적으로 성공적인 접근 방식(유용미생물)을 선호하는 것은 다소 아이러니하다. 생물학자이자 아마추어 정원사인 나는 최근 높아진 토양생물에 대한 관심을 당연히 환영하고, 일반인이 부엽층 형성, 토양 침식 방지, 발효 같은 용어를 정확히 사용하는 것이 기쁘다. 과학 전달자로서 나는 때때로 객관성을 더러 잃기도 하고, 특히 이 분야에서 '녹색 라벨'이 얼마나 쉽게 허위 정보를 전달할 수 있는지에 종종 놀라고 우려하기도 한다. 그러므로 이 시점에서 짧게 당부하건대, *전방위적으로 의심의 눈초리를 잃지 마시라!* 이런 회의적 태도를 선택적으로 가져선 안 된다. '인공적'이고 기술적인 것에만 의심의 눈초리를 갖지 말고, 특히 세상을 구하겠다고 약속하는 이른바 '자연적' 접근 방식에도 회의적 태도를 가져야 한다.

토양생물의 능력을 생각하다 보면, 우리는 다시 인간과 식물의 공통된 진화로 돌아가게 될 것이다. 식물에 미생물 용액을 뿌리는 것과 대변 이식이 왜 효과가 있는지 우리는 아직 완전히 설명할 수 없다. 하지만 새끼 고양이에게 달려드는 어린아이처럼 과학이 완전히 새로운 발견을 향해 달려드는 이 시대에, 사람들은 바로 이런 뜨거운 주제에 호기심을 느끼고 큰 그림을 이해하고자 하는 학구열을 불태운다. 식물과 인간은 농업에서 긴밀히 협력한다. 인간은 식물의 씨앗을 번식시키고, 식물은 인간에게 음식과 천연자원을 제공한다. 이제 기후 위기와 멸종이라는 두 가지 큰 문제가 인간과 식물 모두를 위협한다. 물론, 인간과 달리 식물은 과거에도 여러 번 그랬듯이 종말에서 살아남을 가능성이 크다. 하지만 현대의 농작물과 인간이 공동의 여정에서 함께 위협받고 있다는 것은 어느 정도 타당한 사실인 것 같다. 그러나 요점은, 우리가 공진화 과정에서 자연에서 멀어졌다는 것이다. 우리는 자연스럽지 않은 환경(농장)에서 '자연스럽지 않은 식물'(야생식물이 아니라는 뜻이다)을 재배한다. 이런 방식은 오랫동안 잘 통했다. 아니, 우리가 완전히 자연 친화적이라고 믿고 앉아 있는 나뭇가지를, 이런 농업 방식으로 서서히 그러나 확실히 제 손으로 톱질하고 있다는 사실을 깨닫기까지 꽤 오랜 시간이 걸렸다.

이제 우리는 곳곳에서 생존 위협을 느낀다. 불행히도 어떤 곳에서는 느낌이 아니라 이미 슬픈 현실이다. 우리는 이 참혹함을 해결할 방법을 찾고 있다. 그리고 어쩌면 오직 인간만이 초자연적인 것에 기대고, 마법의 치유를 갈구하고, 아무것도 모른 채 그저 더 높은 힘이 모든 것을 바로잡아주기만 고대하는지 모른다. 어쩌면 인간과 식물이 무자비한 자연으로부터 함께 소외되어, 때때로 그것이 현대적 형태의 자연 숭배로 표현되는 게 아닐까? 우리는 경이로운 자연이 마법의 힘을 발휘할 거라 믿고 싶어 한다. 농장도 *가만히 내버려두면 자연이 마법을 부릴 거야!* 그리고 미생물 칵테일이 해로울 리가 있겠어? 이런 사고방식은 진정한 진보, 근본적 변화, 진보적 농업혁명을 방해할 수도 있다. 이런 낭만적 성향은 우리가 감성적이고 감정을 느끼는 존재임을 보여주지만, 가뭄철에 식물에 설탕물을 주거나 식물 근처에 소뿔을 묻는 방식으로는 식물을 도울 수 없다. 나는 과학에 귀를 기울이는 것이 한 가지 해결책이라고 생각한다. 이것이 정확히 무엇을 의미하는지는 이 책의 마지막 부분에서 설명하겠다.

우선은 식물의 말을 들어보는 것이 또 다른 해결책일 수 있다. 잎이 보내는 전기 신호, 빅토리아시대의 꽃말, 지하에서 이루어지는 토양생물과의 대화 등 식물의 내부 및 외부 의사소통에 관해 많은 것을 알게 된 지금, 식물의 전투 구호가 있다는 사실은 그다지 놀랍지 않을 것이다. 겉보기에 순진한 식물이라도 상황이 심각해지면 정말 무서운 무기로 돌변할 수 있다. 그리고 여기서 어느 정도 경의를 표하는 것이 마땅하다. 우리는 주의 깊은 관찰과 꼼꼼한 메모를 통해 식물의 간단한 방어 전략에서 위기를 극복하는 회복력을 배울 수 있기 때문이다.

5장 번성과 쇠퇴

잡초의 제왕

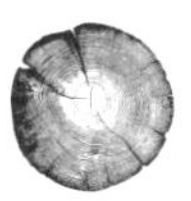

무성하게 자라고 빽빽하게 우거지는 삶. 식물 스스로 만든 이런 비좁음 속의 삶은 투쟁의 연속이다. 볕이 잘 드는 자리, 양분과 물, 같은 뜻을 가진 완벽한 짝, 수분과 씨앗 확산을 위한 최상의 위치를 차지하기 위해 끊임없이 경쟁한다. 이때 갈등과 소소한 다툼은 때때로 불가피하다. 식물은 이런 경쟁에서 이기기 위해, 눈에 보이는 물리적 요새부터 원자 크기의 위험한 독소에 이르기까지, 다양한 방어 및 공격 무기를 개발했다. 그들의 의사소통 능력은 전쟁에서도 크게 도움이 된다. 탄약이 부족하다 싶으면, 그들은 동물 왕국의 동맹군을 부른다. 여기에도 식물과 인간의 공통점이 하나 있다. 즉, 식물도 인간도 현대화로 인해 자연이 준 이런 힘을 일부 잃어버렸다. 이제 그것을 되찾아야 할 때다.

완전 기생식물과 좀비 애벌레 묵시록

일상적 관찰로 시작해보자. 식물은 거의 모두가 매우 건강하고 싱그러워 보인다. 공원을 산책하거나 초원에 누워 있거나 '산림욕'을 즐길 때면, 주변의 싱그러운 초록과 화려함을 넘어 거의 지나치다 싶을 만큼 다양한 식물의 생기를 느낄 수 있다. 물론 야생에는 병든 식물도 있지만, 그런 식물은 거의 눈에 띄지 않는다. 병든 식물이 매우 드문 것은 진화의 냉정한 논리 때문이다. 정착 생물은 반드시 엄청난 방어력을 가져야 한다. 그래야 무수한 종이 경쟁하는 환경에서 생존할 수 있다. 육지에서 산다는 것은, (기억하고 있듯) 창의성과 에너지의 상당 부분을 방어력에 투입한다는 의미다. 그렇게 하기 때문에 99.9퍼센트의 식물이 99.9퍼센트의 병균과 곤충, 기상 조건을 극복하고 생존할 수 있는 것이다. 그들은 언제든 실행할 수 있는 전투 계획이 있고, 마치 선인장에 던져진 풍선처럼, 식물은 스트레스 요인을 아주 태연하게 해결한다(선인장의 잎가시는 가장 눈에 띄는 방어 수단에 속한다).

지난 장의 시작 부분에서 우리는 식물의 보이지 않는 전달 물질에 감탄했다. 이 물질은 가끔 인간의 향수에 혼합되어 다른 식물에 재밌는 오해를 불러일으킬 수도 있다. 여기서 핵심 물질은 메틸자스모네이트인데, 이것은 향수뿐 아니라 식물이 소통을 위해 방출하는 냄새에도 들어 있다. 메틸자스모네이트는 식물이 공격을 받았을 때 실제로 무슨 일이 일어나는지 매우 명확하게 보여준다. 식물은 다치거나 갉아먹히면 즉시 알아차리고, 전기 신호를 보내 방어 물질을 생산하고 항공 우편을 발송하여 자기 자신과 다른 식물을 보호한다. 그런데 앞에서 언급한 토마토 실험에서는 전기 자극만 감지된 것이 아니다. 손상된 식물은 소화 방해 효소인 프로테아제 억제제도 생성했는데, 아마도 곤충의 식욕을 떨어뜨리기 위한 조치였을 것이다. 토마토가 실험실에서 포식자 없이도 이런 반응을 할 수 있다는 것은 식물의 방어력이 유전자에 깊이 뿌리를 내렸다는 증거다.

취미로 정원을 가꾸는 사람의 눈에는 달리 보일 수도 있겠으나, 아무튼 병든 식물은 흔한 일이 아니라 예외적인 일이다. 그럼에도 식물이 매우 파괴적인 특정 질병에 쉽게 걸리는 까닭은, 한편으로 농업 방식 때문이고 다른 한편으로 분자 전쟁의 결과가 때때로 병원균에 유리하게 작용하기 때문이다. 진화 과정에서 세균과 숙주 사이에 항상 군비 경쟁이 있었다. 군비 경쟁에서 때로는 식물이 우세를 점하고 때로는 질병이 우세를 점하는데, 식물병리학은 이것을 '지그재그 모델'이라고 부른다. 식물(또는 동물)의 면역 체계가 세운 새로운 전략이 언젠가 영리한 적들에게 패배하면 다시 새로운 전략을 개발해야 했다. 이런 진화적 군비 경쟁은 모든 생물의 유전자에서 마치 역사책처럼 읽을 수 있다. 거기에는 주로 다음과 같은 내용이 들어 있다. 식물의 삶을 힘들게 하는 것은 미세한 병원균만이 아니다. 서로 경쟁하는 식물들은 남들보다 우위를 점하고 가능한 은밀하게 이익을 챙기기 위해 만만치 않게 교활한 수법을 생각해낸다.

악마의 실이라고도 불리는 새삼을 예로 들어보자. 새삼은 약

200종에 달하고 전 세계에 분포되어 있으며 예외 없이 다른 식물 종에 기생한다. 이들은 전기생자인데, 쉽게 말해 '완전 기생식물'이라는 뜻이다. 새삼은 숙주식물을 찾으면 그 주위를 포위하여 숙주에 빨대를 꽂는다. 이런 뱀파이어 방식이 너무 효과적이라 새삼의 뿌리는 존재 이유를 잃고 스스로 소멸하고, 광합성도 하지 않는다. 새삼의 숙주식물은 광범위하다. 그들은 야생식물뿐만 아니라 감자, 피튜니아, 알팔파 같은 재배식물도 공격한다. 그리고 그들은 특유의 체취, 그러니까 앞에서 이미 자세히 연구했던 바로 그 '볼라틸롬'을 통해 숙주를 감지해낸다.

펜실베이니아주립대학교의 한 연구가 밝혀냈듯이, '펜타곤 새삼(Cuscuta pentagona)'이라는 뜻의 학명을 가진 미국새실삼은 좋아하는 숙주식물을 '냄새'로 감지할 수 있다.[1] 이 기생식물의 모종을 물컵에 담근 후, 흙만 있는 화분, 플라스틱 토마토를 꽂은 화분, 진짜 토마토가 자라는 화분 등 다양한 실험 대상을 일정 거리에 두었다. 그 결과, 악마의 실 모종은 80퍼센트 확률로 진짜 토마토 화분을 향해 자랐다. 연구자들은 토마토의 휘발성 유기화합물이 꼬리를 흔들었을 거라 의심하고, 토마토의 볼라틸롬(온실을 걷다 보면 항상 손가락에 들러붙는, 냄새나고 끈적끈적한 노란색 물질)을 추출하여 스펀지에 떨어뜨렸다. 이제 그들은 새삼에게 새로운 선택지를 제시했다. 토마토 향이 나는 스펀지를 향해 자랄 것인가, 아니면 볼라틸롬 추출물만 들어 있는 스펀지를 향해 자랄 것인가?

모종의 73퍼센트가 토마토 향이 나는 스펀지를 향해 자랐다. 이것은 그다지 놀랄 일이 아니지만, 역시 놀라운 일이기도 하다. 사실, 식물 성장의 '동기'는 교과서에 명확히 기록되어 있다. 새싹과 잎은 빛을 향해 자라고, 뿌리는 중력과 양분을 따른다. 물론, 이외에도 '음중력 효과'(식물의 지상 부분이 중력에 반하여 자라는 것)와 습기 감지, 장애물과의 물리적 접촉 같은 것이 있을 수 있지만, 성장 방향을 결정하는 것은 이 정도가 전부다. 기생식물이 이것을 인상적으로 보여준다. 바람에 날리는 화학물질도 방향을 알려줄 수 있는데, 특히 노련한 기생식물이 GPS로 숙주의 위치를 정확히 추적하는 데 도움을 준다. 흥미롭고도 예상치 못한 동물 왕국과의 접점이다. 동물도 좋아하는 식물성 먹이를 이와 유사한 방식으로 찾는다.

토마토 향에 들어 있는 각각의 물질을 식별하여 따로 스펀지에 떨어뜨린 후, 기생식물 앞에 두었다. 기생식물은 몇몇 특정 성분, 이를테면 향수나 아로마 생산에 사용되는 β-펠란드렌, β-미르센, β-피넨을 특별히 좋아하는 것은 확실했으나, 실험 결과는 전체적으로 명확성이 떨어졌다. 《사이언스》에 게재된 논문에서 연구자들은 마지막에, 여러 물질의 상호작용이 기생식물에게 조사하기 매우 어려운 복잡한 메시지를 전달하는 것 같다고 추측했다. 그리고 이런 연구 결과가 지속 가능한 농업에서 생물학적 방식으로 잡초를 방어하는 데 기여하기를 바란다고 썼다. 식물의 언어를 잘 이해할수록, 우리는 이런 연구 결과를 통해 더 많은 화학적 어휘와 숨겨진 메시지를 알아낼 수 있고, 이것을 환경 친화적이면서도 효과적으로 식물을 보호하는 데 사용할 수 있을 것이다. 그러니 듣고 또 듣자.

식물의 언어는 차기 블록버스터 공포 영화의 소재이기도 하다. 과학자의 눈에는 거의 옐로 저널리즘 기사를 연상시키는, 〈식물이 애벌레를 동족 포식자로 만든다(Plants turn caterpillars into cannibals)〉[2]라는 제목으로, 연구자이자 저널리스트인 로라 카스텔스(Laura Castells)가 《네이치》에 매우 특별한 사례를 보고했다. 이번에도 평범한 토마토가 이런 흥분을 일으켰다. 실험실에서 사탕무나방의 애벌레와 토마토가 만났다. 사탕무나방의 애벌레는 경쟁이 특히 치열할 때면 자기 형제도 잡아먹는 것으로 이미 유명했다. 그런데 이제 이 애벌레가, 앞에서 언급한 바로 그 향, 메틸자스모네이트(!)의 경고 신호를 받은 토마토의 잎을 갉아먹었다. 애벌레는 메틸자스모네이트에 노출되었던 잎도 보통의 잎과 똑같이 잘 먹었다. 하지만 이제부터 섬뜩해지는데, '경고 신호를 받은' 잎을 먹은 직후 애벌레의 행동에 뚜렷한 변화가 나타났다. 즉, 자기 형제들을 더 일찍 더 게걸스럽게 먹어치웠다! 토마토는 위험 신호(메틸자스모네이트)에 반응하여 생화학 마녀 주방에서, 이 애벌레의 동족 포식 성향을 강화하는 향정신성 물질을 만들었다. 모두에게 그 맛을 보여주고 싶지만…… 역시 그러지 않는 게 좋겠다.

3장 초반에서 언급했듯이, 식물의 지능을 논할 때 우리 인간은 자신을 과도하게 우월한 존재로 여겨선 안 된다. 우리는 매일 카페인, 육두구, 초콜릿에 이르기까지 식물의 향정신성 물질을 양팔 벌려 환영한다. 그리고 우리 인간도 유익한 약초를 섭취하면 뇌에 생리적 변화가 일어나고 행동도 달라진다. 약간의 소름 돋는 순간과 새로운 좀비 시리즈에 대한 영감을 주기 위해 말한 것이다. 새로운 좀비 시리즈의 제목으로 〈식물 vs. 인간〉은 어떨까? 사실 이것은 이 책의 가제이기도 했는데, 부적절하다는 결론에 이르러 바꿨다. 담당 편집자의 훌륭한 판단에 큰 박수를 보낸다! 식물과 대결하지 않아 천만다행이다.

식물의 극히 비밀스럽고 눈에 띄지 않으며 마피아 못지않은 은밀한 속임수를 적발해내고 그것을 부검하듯 세세히 재구성하기 전에, 그보다 더 중대한 무기로 일단 돌아가보자. 식물은 본래 무장을 하고 있어서, 멀리서도 벌써 그 사실을 알 수 있다. 근처 가장 가까이에 있는 식물을 한번 살펴보라. 어떤가, 무기가 보이는가? 바리케이드? 방탄조끼? 식물의 무기는 명확히 눈에 띄는 경우도 있지만, 우리 인간들의 눈으로는 볼 수 없을 때도 있다.

가시 돋친 장미와 가시나무 열매

나는 다음 주제로 넘어가기 위해 한 번 더 은유의 도움을 받고자 한다. 다음 주제로 가기 위한 발판은 바로 발판 그 자체다! 발판은 목질로 만들어졌고, 목질은 식물이 가장 연약한 부분을 보호하기 위해 발명한 최고의 갑옷이라 할 수 있다. 그러니까 이제부터 다룰 이야기는 식물계의 하드웨어, 즉 인간의 눈으로도 볼 수 있고, 우리 모두가 다소 무의식적으로 접촉하게 되는 거시적 방어 수단이다.

졸음운전을 하다 실수로 차가 나무를 들이받는 사고가 종종 뉴스로 보도된다. 그리고 이때 어느 쪽이 손상되었는지 듣는다. 목재는 정말로 놀라운 재료다. 목재를 단단하게 하는 것은 리그닌이라는 성분이다. 사실 리그닌은, 식물의 여러 색소나 향료를 합성하는 것과 똑같은 방식인 페닐프로판 대사를 통해 생성되는 생체고분자와 분자의 총칭이다. 여기서 너무 자세히 설명하지는 않겠지만, 아무튼 미세한 생화학적 차이로 어떤 것은 단단한 목재가 되고 어떤 것은 바닐라 향이 된다는 것은 놀라운 일이다. 목질과 향 모두 페놀과 밀접한 관련이 있다. 잎의 왁스층 및 큐티클층과 함께, 식물의 목질화는 초식동물에 맞서는 첫 번째이자 가장 중요한 물리적 보호대 구실을 한다. 이것은 식물의 첫 번째 방어선이다. 초식동물은 이 방어선을 넘어야 즙이 많은 내부에 도달할 수 있다. 또한, 목질은 자연스럽게 수직 성장을 도와 더 높은 곳까지 오르게 하여 다른 식물이나 걸어다니는 족속들과 거리를 둘 수 있게 한다. 생체고분자 리그닌의 놀라운 강도가 아니면, 100미터에 이르는 자이언트세쿼이아의 안정성과 물의 엄청난 이동 거리, 뿌리와 꼭대기 사이의 소통은 상상도 할 수 없다. 목질은 산불에서 교통사고에 이르기까지 파괴적인 온갖 외부 악영향으로부터 식물을 보호하는 주요 보호벽이다.

목질 갑옷과 잎 표면의 왁스층과 어깨를 나란히 하는 방어 수단이 또 있다. 가시나 침을 이용한 기계적 방어가 그것이다. '식물의 침이 곧 가시 아닌가'라고 생각하겠지만 그렇지 않다. 가시와 침은 같은 것이 아니다. 가시는 곁가지나 잎 같은 기관이 변형된 것이고, 침은 그냥 나무껍질에 붙어 있는 것이다. 그래서 침은 쉽게 떼어내거나 부러뜨릴 수 있지만, 가시는 마치 잔가지처럼 물과 양분을 운반하는 일종의 파이프가 놓여 있어 제거하기가 어렵다. 둘 다 초식동물을 방어하는 데 사용되고, 일반적으로 '가시'로 잘못 사용되기도 한다. 사실, 장미는 가시로 찌르는 것이 아니라 침으로 쏜다는 표현이 맞고, 구스베리에 달린 따끔한 침은 사실 가시라고 해야 맞다. 쐐기풀의 따끔한 털은 식물의 침과 마찬가지로 눈에 보이는 거시적 방어 수단이다. 그러나 이 위험한 뾰족한 털은 세포 하나로 구성되었고, 이 세포 안에는 불타는 칵테일이 채워져 있다. 엄밀히 말해, 이것은 초식동물을 방어하는 기계적 수단이 아니라, 오랜 식물성 독소에 의존하는 화학적 수단이다. 이것은 뒤에서 다시 다루게 될 것이다.

비슷한 맥락으로, 특정 식물 종의 세포에는 '라피드'라는 작고 뾰족한 결정체가 들어 있는데, 씹을 때 이것이 구강 점막을 찌른다. 파인애플이나 키위의 얼얼한 자극도 라피드 때문이라고 여겨진다. 라피드 역시 효과를 발휘하기 위해 자주 독소를 사용한다. 아프리카의 연구자들은 덜 익은 바나나에서 흔히 발견되는 결정체 가시가 씨가 여물기 전에 초식동물이 열매를 먹지 않도록 막기 위한 수단임을 밝혀냈다.[◎] 어떤 과학자들은 과잉된 칼슘을 저장하는 것이 라피드의 본래 기능이고, 식물의 옥살산과 칼슘이 결합하여 결정체를 만든다고 추측한다. 어느 쪽이든, 이 불쾌한 작은 바늘 때문에 먹을 때 입에 작은 상처가 난다. 먹는 쪽이 씹으면서 수천 번씩 미세한 바늘로 자기 입을 찌르는 것이므로, 라피드는 순전히 수동적으로 기능한다. 결국 포유류는 뭐가 문제인지도 모른 채 금세 식욕을 잃을 수 있다.

어떤 식물은 가시 방어력을 한층 더 강화한다. 아카시아 여러 종은 자신의 방어 기관을 개미에게 셋방으로 내준다. 이 사회성 곤충은 속이 빈 가시 안에 살며 꽃꿀과 온갖 별미를 얻는다. 그 대가로 개미는 끊임없이 잎을 순찰하며 크고 작은 공격자들이 접근하지 못하도록 막는다. 식물과 개미의 이런 협력은 '미르메코필락시스(그리스어로 '개미myrmex'와 '친구philo'를 합성한 단어—옮긴이 주)'라는 멋들어진 용어로 불리지만 매우 일반적인 공생 형태다. 독일 예나(Jena)의 막스플랑크 화학생태학 연구소가 발견했듯이, 이들은 심지어 병원균을 억제한다.[3] 다리가 여섯 개인 곤충이 살고 있으면 유해 박테리아가 잎 표면에 정착할 가능성은 확실히 낮다. 다르게 표현하자면, 아카시아는 세입자와 그들의 냄새, 분비물, 미생물을 집에 들임으로써 건강에 도움이 되는 약도 같이 얻는다. 연구자들이 추정하기로, 특히 개미 다리에 사는 미생물이 식물 표면에서 영향력을 행사하여 불청객 박테리아와 곰팡이에 맞서 싸운다. 연구자들은 개미 다리에서 박테리아성 균주를 추출하여, 식물 병원균인 '슈도모나스'의 억제 효과를

◎　아이러니하게도, 재배되는 바나나에는 여물어야 하는 씨가 없다. 야생에서는 매우 크고 바위처럼 단단한 씨가 있었으나, 품종 개량으로 인간은 이제 씨 없는 바나나를 먹는다. 현재 바나나는 전 세계적으로 무성생식(꺾꽂이)으로 번식되고 있다. 씨 없는 바나나는 먹기는 좋지만, 기후에 맞는 새로운 품종을 개량하는 데는 그다지 좋지 않다. 무성생식의 단점이 궁금하다면, 2장을 참고하라.

관찰할 수 있었다.

식물의 일차적 차원인 잎 표면과 나무껍질, 침과 가시에서 기적적인 일들이 일어난다. 우리의 시력이 조금만 더 좋으면, 이론적으로는 외부에서도 기적을 관찰할 수 있다. 가시 동굴에 살고 식물 곳곳을 돌아다니며 미생물을 퍼뜨리는 개미들은 일종의 천연 항생제를 생산하여 식물을 건강하고 생기 있게 유지해준다. 식물 연구는 때때로 몽환적 여행처럼 보이지만, 사실은 놀랍고도 실용적인 현실이다.

식물의 외부 갑옷은 기계적 공격에 구멍이 뚫릴 수 있다. 그리고 일단 구멍이 생기면, 그곳은 대개 병원균의 관문이 된다. 그래서 하드웨어만으로는 충분치 않을 때 소프트웨어가 개입해 피해를 막는다. 즉, 광합성으로 직접 생성되지 않는 독소, 효소, 2차 대사산물이 전쟁 지휘권을 넘겨받아 그들의 방식으로 식물을 보호한다. 세포 내 수용체가 공격자의 신원을 빠르고 정확하게 파악하고, 엄청난 속도로 적합한 생화학적 방어 전략을 세운다. 그러나 이런 두 번째 방어선을 자세히 살펴보기 전에, 그러니까 식물 자체의 바이러스 백신 프로그램을 다루기 전에, 우선 눈에 보이는 세계부터 살펴보자. 식물은 경쟁에서 항상 한 발 앞서기 위해 몇몇 예방 조치를 미리 취하기 때문이다.

방화와 악령의 정원

식물의 성공 스토리에서 땅의 정복은 인간의 진화와 공통분모이고, 그래서 둘 사이의 목표가 충돌하기도 한다. 제한된 행성에서 효과적으로 번성하려면 필연적으로 공간 문제를 만나게 된다. 오늘날 자연을 개간하여 경작지를 만드는 일 또는 휴경지를 공공복지주택 부지로 활용하는 대신 다시 자연으로 돌려보내는 일을 둘러싼 분쟁에서 이를 확인할 수 있다. 식물은 우리보다 훨씬 오래전부터 이런 분쟁을 겪었고, 나름대로 실용적인 방식으로 해결해왔다. 봄에 숲을 산책할 때 짐작할 수 있듯이, 이제 막 싹을 틔운 아기 나무 모두가 넓은 그늘을 선사하는 커다란 나무로 자랄 수는 없다. 우리가 모르고 지나칠 때가 많지만, 식물은 크게 성장할 확률을 높이기 위한 자기만의 전략을 가지고 있다.

소나무는 북반구에 널리 분포하고 종이 매우 다양하다. 아북극에서 열대지방에 이르기까지 거의 모든 생태계에서 다양한 소나무 종이 발견된다. 소나무는 울창한 숲뿐 아니라 빈터에서도 자라고, 어디에서든 우세 종이 된다. 생태계의 다양성은 특히 소나무 종의 다양성에서 잘 드러난다. 시베리아에서 보금자리를 찾은 눈잣나무는 난쟁이처럼 작지만, 북아메리카에 정착한 설탕소나무는 60미터 이상까지 자랄 수 있고 갓난아기만 한 거대한 솔방울을 맺는다. 그리고 이제부터가 진짜 놀라운 일인데, 소나무는 인간의 관점에서 재앙인 산불을 다루는 데도 창의성을 발휘한다. 소나무는 반복되는 산불에 잘 대처할 뿐만 아니라 오히려 산불을 이용해 이익을 얻고, 심지어 일부러 산불을 내는 것 같다는 의심이 최근 들어 점점 커지고 있다.[4] 우선, 파괴적인 산불이 잦은 지역에 소나무 종이 많다. 지구온난화의 결과로 캘리포니아나 호주 등지에서 통제 불가의 화마 소식이 점점 더 많아지고 있다. 그런 지역에서 생존하기 위해 많은 나무(소나무 외에 코르크나무가 대표적인 예다)가 수 세기, 수천 년에 걸쳐 방어 전략을 개발해왔다. 예를 들어, 불에 잘 타지 않는 두꺼운 나무껍질이 큰 도움이 된다. 하지만 어린 나무들도 이미 불을 좋아한다. 아기 소나무는 발아 후 곧바로 소위 '잔디 단계'로 들어간다. 수직 성장에 중요한 줄기세포를 품은 예민한 싹은 이 단계에서 길고 튼튼한 바늘 뭉치에 둘러싸여 있다. 잔디처럼 북실북실한 덮개는 산불 시즌에 효과적으로 싹을 보호하여, 단열 토양에 깊이 뿌리를 내리고 차분히 뿌리 체계를 구축하는 데 필요한 시간을 벌어준다.

뿌리가 특정 굵기에 도달했을 때(기후에 따라 2년에서 15년이 걸릴 수 있다!) 비로소 어린 소나무는 위로 자라기 시작한다. 그들은 잔디 단계에서 병솔 단계로 넘어간다(잔디 단계와 병솔 단계라는 용어는 내가 재미를 위해 지어낸 게 아니라, 공인된 식물학 용어다). 이제부터는 속도 싸움이다. 나무들은 한 시즌에 최대 90센티미터까지 자라서 불과 몇 년 만에 이글거리는 불길에서 충분한 거리를 확보한다. 이제 소나무의 북실북실한 머리는 용암 같은 치명적 불길에서 멀어져 거의 순진하고 장난스럽게 숲 밖으로 불쑥 솟아 있다. 이제부터 그들은 타의 추종을 불허하는 장점을 이용해 성장한다. 뿌리는 충분히 깊고, 잎이 형성하는 그늘막은 충분히 높은 곳에 위치하며, 잘 타지 않는 줄기는 잘 버텨낸다. 그리고 때때로 일어나는 산불은 조만간 높은 곳에서 착륙할 자손을 위한 공간까지 마련해준다.

어린 소나무들이 나이에 따라 헤어스타일을 바꾸는 것은, 불이 중요한 역할을 하는 생태계에 대한 형태적 적응이다. 그뿐만 아니라 소나무는 계절에 관계없이 솔방울을 맺고 나무껍질의 보호 속에서 곁눈을 준비한다. 이 모든 것들 덕분에 소나무는 그을린 땅에서 빠르고 쉽게 일상생활로 돌아갈 수 있다. 그들에게 산불은 재앙이 아니다. 오히려 그 반대다. 진화적 적응이 과하여 심지어 규칙적으로 산불이 나지 않으면 살아남지 못할 수도 있다. 그리고 이것으로 우리는 '소나무 부스러기'(소나무에서 떨어진 잔가지, 솔잎, 솔방울 등을 통칭하는 영어 단어 'pine litter'의 마땅한 번역어가 없어 '부스러기' 정도로 타협했다)의 가연성 주제에 도달했다. 가연성은 떨어진 나뭇가지, 솔잎, 솔방울에 얼마나 빨리 불이 붙는지를 설명하는 동시에 흥미로운 의문을 제기한다. 이런 가연성이 과연 매년 발생하는 산불에 영향을 미칠까?

미국에서 진행된 의미심장한 연구가, 다른 수종에서 이미 관찰된 내용을 재확인했다. 즉, 소나무 종에 따라 가연성은 다르지만, 일반적으로 산불 발생 위험이 큰 지역에서 가연성이 더 높은 '소나무 부스러기'를 발견할 가능성이 더 크다. 역사적 자료는 방화 종의 분포가 산불 빈도와 상관관계가 있다는 가설을 뒷받침했다. 그러니 소나무는 연쇄 방화범일까? 글쎄, 안타깝지만 우리는 소나무에게 물어볼 수 없다. 하지만 그들이 화재 빈도를 조절하기 위해 자체 부스러기를 사용할 뿐 아니라, 세부적인 계획도 세운다는 점에는 최소한 고개를 끄덕일 수 있다. 바짝 마른 솔잎은 짧고 맹렬하게 타오른다. 그래서 경쟁 식물을 태워버리기에는 충분하지만, 자신의 뿌리도 병솔 단계의 자손도 위협하지 않는다. 식물의 가연성 연구는 아직 모든 의문에 답하지 못했다. 하지만 개별 종이 아주 당연한 듯 자신의 환경에 영향을 미치고, 소위 막대한 희생 속에서 자신의 생물학적 보금자리를 지켜내는 것만으로도 이미 놀라운 일이다.

그런데 소나무만 자발적으로 화재를 일으키는 건 아니다. 새로 발각된 방화범, 특히 유칼립투스 종은 '자연적인' 산불을 위협적인 재앙으로 만든다. 특히 대규모 산불이 잦은 캘리포니아에서는 100년 전에 관상용으로 심은 유칼립투스가 심각한 문제가 되고 있다. 또한 유칼립투스 종은 나뭇가지와 나무껍질의 일부를 '일부러' 떨어뜨리는데, 유칼립투스 부스러기에는 기름이 함유되어 미생물에 분해되지 않을 뿐 아니라, 불에 아주 잘 탄다. 가연성이 높은 기름은 땅속 깊이 스며들어 산불 위험을 더욱 증가시킨다. 유칼립투스 낙엽에 불이 붙으면 끄기가 매우 어렵다. 마르쿠스 베네만(Markus Bennemann)이 《사악한 나무(Böse Bäume)》에 쓴 것처럼, "유칼립투스 낙엽이 땅에 손가락 세 마디 높이로 쌓이면, 가솔린이 손가락 한 마디만큼 쌓일 정도로" 이것은 파괴적이다.[5] 나중에 침입종에 대해 간략히 살펴볼 것이므로, 여기서는 지구화 과정에서 인간이 '지역에 맞게 설계된 식물 무기'를 전 세계에 배포하고 있음을 맛보기로 언급하는 정도로 끝내기로 하자. 우리는 지역 맞춤 무기를 지역에서 분리함으로써 잠재적으로 지역 생태계를 위험하게 한다.

식물의 일부가 땅에 떨어지는 것이 언제나 종말의 화마를 부르는 건 아니다. 조용하고 비밀스럽게 경쟁자를 살해하는 경우도 있다. 적어도 호두나무는 그렇게 한다. 마당에 호두나무가 있는 사람이라면, 나무 밑에 다른 식물이 거의 자라지 않는 것을 알아차렸을 것이다. 호두나무 근처에 토마토가 잘 안 열리는 이유는 '주글론'이라는 페놀성 유기화합물 때문이다. 이 물질은 호두나무의 잎, 열매, 뿌리에 들어 있고 계속 방출되며 다른 식물에게는 맹독이다. 가을에 호두나무 잎과 열매가 땅에 떨어지면, 장기적으로 다른 식물의 생장을 저해하는 주글론이 토양에 더 많이 쌓일 수 있다. 간단한 해결책이 있다. 낙엽을 쓸어버리면 된다. 그리고 호두나무 근처에 정원을 가꾸고 싶다면(또는 가꿀 수밖에 없다면), 화단을 높게 올려서 만들어라. 흥미롭게도 주글론이 모든 식물의 생장을 억제하는 건 아니다. 어떤 식물은 서로 가까운 친척 관계에 있지만 주글론에는 상반된 반응을 보인다. 예를 들어, 멜론과 오이는 둘 다 박과에 속하는데, 멜론은 주글론을 좋아하지만, 오이는 이 물질에 기겁한다.

이런 특이한 사례에서 호두의 주글론이 정확히 어떻게 작용하는지에 대해 아직 의견이 분분하지만, 자연에는 이러한 소위 타감작용물질(상호대립억제 작용물질이라고도 하는데, 식물이 자신을 보호하거나 경쟁 식물의 생장을 방해하기 위해 배출하는 화학물질—옮긴이 주)이 다수 존재한다.[6] 공기 중에 휘발성 유기화합물을 방출하든, 뿌리액을 통해서든, 신체 일부를 땅에 떨어뜨리든, 식물은 나름의 고유한 의사소통 수단으로 메시지를 전달한다. "여기는 내가 자라는 땅이니, 너는 다른 곳에서 자라도록 해!" 그리고 여기에서도 우리 인간은 새로운 종을 투입하여 식물의 언어를 방해하는 예상치 못한 변수다. 때때로 침입종의 '사투리'가 너무 압도적이라 토착식물이 감당하지 못할 수 있고, 그러면 메가폰 구실을 하는 타감작용물질을 앞세운 침입은 훨씬 더 빨리 진행된다. 분홍수레국화의 경우가 그랬던 것 같다. 눈에 잘 띄지 않는 이 꽃은 북미에서 매우 성공적인 침입종이고, 뿌리액에 든 독소로 다른 식물의 침입을 억제한다.

나 같은 생물학자들은 극적으로 전개되는 식물의 모든 전쟁을 연구하고, 그래서 이런 형태의 전쟁에 상응하는 극적인 용어를 사용한다. 이른바 '신무기 가설'에 따르면, 토착식물 사이에는 상호 지원하는 생화학물질과 억제하는 생화학물질이 균형을 이루고 있는데, 이 균형은 새로운 타감작용물질에 의해 더 빨리 깨질 수 있다. 현재, 침입종이 타감작용물질로 경쟁자 토착식물을 억제하는 것이 침입의 성공 여부에 중요한 역할을 한다는 과학적 증거가 점점 늘어나고 있다.

이런 관계를 더 잘 이해하고 식물 간의 협정에 귀를 기울이면, 생태진화적 관계에 대한 지식이 풍부해질 뿐만 아니라, 재배식물과의 협정에서도 도움을 받을 수 있다. 농장은 평화를 사랑하고 무기와는 가능한 멀리 있기를 바라는 '관리되는 생태계'다. 따라서 새로운 식물을 도입할 때도, 농업에서 일반적으로 하듯이, 책임감을 갖고 주의를 기울여야 한다. 단조로운 풍경과 다양성 없는 단일 재배는 지속 가능한 개념이 아닐 것이다. 다른 한편으로, 짝짓기 파트너가 바로 옆에 경쟁자 없이 있는 것이 식물에게도 아무튼 실용적일 것이다. 그렇다면 우리는 실용적인 이유로 단조로운 농업을 발명했을까? 아니면 결국 또 식물이 우리를 그렇게 하도록 조종한 걸까? 주제에서 약간 벗어난 듯하지만, 다시 생각해보면 그렇지 않다. 실제로 인간은 단일 재배 방식으로 식물을 키우고 제초제를 뿌리는 유일한 동물이 아니다.

아마존 열대우림에는 히수타라는 나무 한 종류만 자라는 넓은 지역이 있다. 이 식물은 아카시아와 마찬가지로 '미르메코필락시스' 즉 '개미 친구 식물'에 속한다. 이 나무는 속이 빈 줄기를 개미들에게 거처로 제공하고, 개미는 해충을 없애고 일반적인 집안일을 맡는 것으로 보답한다. 그런데 아마존 열대우림의 '악령의 정원'이라 불리는 이곳에는 왜 히수타 외에 다른 식물이 없을까? 어쩐지 으스스하다. 호두나무의 경우처럼 히수타에 타감작용물질이 있을 거라 오랫동안 의심되었으나, 충분한 증거를 찾지 못했다. 그러다 2005년에 스탠퍼드대학교 메간 프레드릭손(Megan Frederickson) 연구팀이 결정적인 실험을 진행했다. 그들은 주변에서 흔히 발견되는 나무 종의 묘목을 음침한 악령의 정원 한복판에 심었다. 몇몇 묘목에는 개미를 막을 울타리를 쳤고, 나머지는 그대로 두었다. 울타리로 둘러싸인 묘목들은 정상적으로 자랐고, 이웃한 히수타의 분비물에 의한 뿌리 및 여타 부위의 중독 증상이 없었다. 울타리가 없는 식물들은 달랐다. 묘목이 땅에 심기자마자 일개미들이 떼 지어 달려들어 이 낯선 어린 식물들을 공격했다. 그들은 잎에 독을 주입했고, 24시간 이내에 괴사 반점이 생겼다. 얼마 지나지 않아 울타리 없는 실험용 식물은 모두 죽었다.

프레드릭손은 공격적으로 기어다니는 곤충의 분비물을 실험실에서 분석했고, 예상했던 대로 고농축 개미산을 발견했다. 비슷한 양의 개미 독을 실험용 식물에 주사기로 주입하자, 열대우림에서 관찰했던 괴사가 실험실에서도 진행되었다. 프레드릭손은 감탄과 당황 속에 학술지에 다음과 같이 보고했다. "(개미가) 악마의 정원을 만드는 것은 보금자리 구축의 한 예다. 개미는 다른 모든 식물을 죽여, 둥지를 틀 히수타 줄기를 더 많이 확보한다."[7] 프레드릭손은 숲의 현재 성장률을 기준으로 했을 때, 악령의 정원은 800살이 넘었고, 300만 마리의 일개미와 1만 5,000마리의 여왕개미로 구성된 단일 왕국이 있을 것이라고 추정했다.

열대우림의 개미들은 천연 제초제의 도움으로 자신이 가장 좋아하는 식물만 키우는 단일 경작을 유지한다. 아니면 그 반대일까? 식물이 다른 경쟁자를 제거하기 위해 유독한 작은 곤충을 끌어들여 군대로 활용하는 걸까? 어떻게 보든, 식물은 인간 종의 광적인 사령관들보다 결코 열등하지 않다. 그들은 엄청난 생화학 무기를 사용하여 무자비하게 전투를 벌이고, 일부러 산불을 내고, 땅에 기름을 붓고, 뿌리를 통해 독을 퍼뜨리고, 맹견 대신 다리가 여섯 개인 개미를 보내 상대의 목을 물게 한다. 이 모든 일이 은밀히 진행되고, 우리는 식물의 방어력을 직접 감지하지는 못한다고 쓰고 싶지만, 그럴 때마다 나는 꽃가루 알레르기가 심한 내 친구 티모가 생각난다. 꽃가루처럼 작은 것이 누군가의 하루 또는 한 계절을 그토록 망칠 수 있다면, 식물들이 그 엄청난 무기를 우리 인간에게 쓰지 않는 것을 다행이라 여겨야 하리라.

차이점 대신 유사점을 찾으면 좀 더 마음이 편해질 것이다. 우리 인간도 비록 개미와는 아니지만, 예를 들어 피부에 사는 미생물과 협력 관계를 맺는다. 개미들이 스스로 기어 아카시아 나무에 퍼지는 것과 매우 유사하게, 우리는 움직임과 땀을 통해 작은 박테리아와 균류 부대를 피부 위에 파견한다. 이건 좋은 일이다! 나쁜 물질, 발진, 건조, 자외선 등이 우리를 해치지 못하게 하려면, 피부 미생물군이 건강해야 한다. 인간 역시 호감과 반감의 균형 속에서 함께 살아가고, 페로몬으로 기분을 전달하고, 고함을 질러 불쾌감을 나타낸다. 혼자 힘으로 해결할 수 없는 문제가 발생하면, 우리는 말로 도움을 요청할 수 있다. 그리고 이것만큼은 식물이 먼저 우리를 모방했으면 좋겠다.

거친 서부극

기억을 돕는 차원에서 말하는데, 식물은 화학적 환경에서 살고, 다른 생명체의 행동 변화를 유도하는 복잡한 화합물을 끊임없이 방출한다. 이런 화합물은 대개 삶에 1차적으로 필요하지는 않다. 그래서 이 놀라운 향기와 색깔, 눈에 보이지 않는 전달 및 치유 물질에 주저 없이 '2차 대사산물'이라는 그럴듯한 이름을 붙였다. '1차 물질대사', 즉 광합성과 생존에 필요한 모든 물질 및 화학 반응과 구별 짓기 위해 식물의 2차 물질에 부가물이라고 적힌 스티커를 붙였다. 있으면 좋지만, 반드시 있어야 하는 건 아니다.

잘 알려졌듯이, 수분 매개 곤충을 끌어들이는 색소가 없다면, 동물(그리고 식물)과 소통하는 휘발성 유기화합물이 없다면, 효과적인 방어 물질이 없다면, 식물은 분명 매우 어렵게 살거나 살지 못할 것이다. 의인화하여 말하면, 2차 대사산물은 식물의 호흡이나 심장박동에는 필요 없지만, 건강한 면역 체계와 성공적인 번식에는 매우 필요하다. 이것을 잊지 말자. 식물의 2차 대사산물은 식물의 생화학적 창의성을 보여주는 천연 물질로, 식물의 삶에 필요한 수많은 작은 일상 솔루션을 위해 다양하고 다채롭게 개발되었다. 식물은 이런 화합물을 생산하기 위해 추가로 에너지를 소모한다. 그래서 종종 소량만 생산되지만 그 영향력은 아주 크다. 이런 적은 부가물에는 엄청난 힘이 있기 때문에 투자할 가치가 있다. 그러므로 같은 물질이라도 복용량에 따라 완전히 상반되는 효과를 낼 수 있는 것은 놀라운 일이 아니다. 파라켈수스의 "용량이 독을 만든다"라는 문구가 여기서 또 등장한다.

식물의 1차 방어선이 무너지면 전략의 변화가 필요하다. 식물은 하드웨어에 구멍이 생기면 화학적 창의성을 발휘하여 최악의 상황이 발생하지 않도록 최선을 다한다. 천연 물질 중에는 독성 물질이 많은데, 복용량에 따라 초식동물에게 치명적일 수 있다. 몇몇 2차 대사산물은 주로 겁을 주어 쫓아내는 역할을 한다. 예를 들어 박하와 샐비어 같은 식용 허브에서 나는 휘발성 향기 또는 한 입만 먹어도 입맛이 싹 사라질 정도로 아주 쓴 알칼로이드계 퀴닌이 그렇다. (같은 계열이지만 살짝 다른) 어떤 알칼로이드계 성분은 과도한 자극과 심계항진을 유발할 수 있다. 카페인이 한 예다. 양귀비 같은 식물에서 추출한 아편 유사 물질도 같은 화학 성분 팔레트에 속하지만, 무기력증과 심한 졸음을 유발한다. 어떤 화합물은 섭취 후에야 비로소 위험해지는데, 예를 들어, 일부 카사바 품종에 함유된 시안화 글리코사이드는 소화 중에 당과 시안화수소(청산가리!)로 분해된다. 그리고 여우장갑풀(디기탈리스 종)은 과하다 싶을 만큼 심하다. 이 풀의 독은 심장으로 곧장 가서 상당히 빠르게 현기증, 환각, 심정지를 유발한다. 여기서 다시 원점으로 돌아간다. 우리는 이 독을 활용하여 꽤 좋은 심장약을 만들 수도 있다.

식물성 물질이 독이냐 아니냐는 글자 그대로 입맛에 달렸다. 독소 수용체가 없다면 걱정할 것 없다. 닭이 매운 고추를 맘껏 먹을 수 있는 것과 비슷하다. 식물과 식물병의 공진화는, 어떨 땐 식물에 이롭고 어떨 땐 질병에 이로운 발명품들의 놀라운 상호작용이다. 화학적 방어 물질은 수많은 방어 전략 중 하나에 불과하다. 세포 손상을 막기 위해 특별히 만든 미세한 방어벽도 마찬가지다.

식물 세포는 독이나 그 비슷한 물질을 쓰기에 앞서, 오직 근육의 힘만으로 침입자에 반응할 수 있다. 예를 들어, 곰팡이병균은 잎의 찢어진 상처로 침입하는 즉시 세포벽을 뚫고 들어가 즙이 많은 내부에 도달하려 한다. 식물은 '벽을 뚫는 소리'를 즉시 알아차리고, 곰 팡이병균의 맹공격에 맞서 내부에서 점점 더 많은 세포벽 물질을 밀 어낸다.

칼로스 침전, 즉 세포벽을 두껍게 만들기 위해 당 분자가 침전 되는 이 현상은 원시시대부터 식물 면역 체계의 일부였고, 식물이 거 의 병에 걸리지 않는 여러 이유 중 하나다. 또한, 기공(식물이 '호흡'하 는 잎의 구멍)을 닫는 것과 같은 물리적 방법도 있다. 이런 반응들은 '선천적'이다. 이것은 모든 야생식물과 재배식물의 유전자에 깊이 뿌 리내렸고, 식물의 건강한 삶을 위협하는 전투에서 외부 껍질만으로 방어하기 어려울 때 후방 지원군으로 나선다.

똑같이 자동화된 전략으로, 매우 극적으로 들리는 '세포 자폭 프 로그램'이 있다. 모든 노력에도 불구하고 병원체가 세포벽을 뚫는 데 성공하면, 감염된 세포와 몇몇 주변 세포는 스스로 죽음으로써 악당 의 먹이를 빠르게 없앤다. 살아 있는 세포가 없으면 대부분의 균류와 박테리아는 오래 버티지 못하고 죽는다. 다수를 위한 일부 세포의 집 단 자살은 식물의 막강한 재생 능력을 다시 한번 보여준다. 지금까지 읽은 내용을 떠올려보자. 식물은 신체의 90퍼센트를 잃어도 여전히 살아남을 수 있고, 매우 짧은 시간 안에 사라진 조직을 재생할 수 있 다. 세포는 조직 안에서 특정 기능을 수행하지만, 가끔은 지성이 있 는 집단처럼 행동하고, 백신 접종 때처럼 집단이 줄기세포나 난자 같 은 비교적 소수의 민감한 세포를 안전하게 보호한다.

내부 신호는 식물 내에서 새로운 전쟁 무기를 작동시키는 조기

경보 시스템처럼 작용한다. 실제로 식물이 자체 무기를 동원하는 동시에 외부에 지원군을 요청하는 사례도 많다. 코요테담배는 북미 서부 야생에서 자라고, 생태 보금자리에서 보여주는 그 특수성은 지금까지 살펴보았던 내용 대부분을 간략히 보여줄 뿐 아니라, 3막으로 구성된 극적인 연극의 훌륭한 소재를 제공한다. 제1막은 코요테담배의 특별한 발아를 다루는데, 이 풀은 산불 후 이름과 딱 맞게(!) 재에서 대량으로 싹을 틔운다. 코요테담배의 야생 서식지에서 관찰한 바에 따르면, 이 식물은 일반적으로 화재 후 1~3년 이내에 싹을 틔운다. 종종 노간주나무나 소나무 숲에서 불이 나고(이제는 놀랍지도 않다), 코요테담배가 숲속의 잠자는 미녀처럼 잠에서 깬다.

실험실에서 실험한 결과, 식물 섬유질이 타서 생성된 물질은 식물 발아를 촉진하지만, 타지 않은 식물 잔여물은 발아를 지연시키는 경향이 있는 것으로 나타났다.[8] 여기서 벌써 야생 담배의 첫 번째 초능력이 발휘된다. 작은 씨앗조차도 자신이 '보통의' 죽은 나무 아래 흙 속에 묻혔는지 아니면 불에 탄 나무 밑에 있는지 구별할 수 있다! 1994년 유타주에서 150년 된 노간주나무 숲이 불탄 후, 800헥타르나 되는 넓은 땅에 수만에 달하는 야생담배가 즉시 싹을 틔웠다. 가장 가까운 코요테담배 군락지는 몇 마일이나 떨어져 있었으므로, 씨앗이 최적의 발아 조건이 될 때까지 이미 100년 넘게 땅속에서 기다리고 있었다고 보는 것이 타당하다. 말끔히 타버린 숲 바닥에는 잠재적 경쟁자가 적을 뿐만 아니라, 야생담배가 니코틴을 생성하는 데 적합한 원료인 암모니아 농도도 높다.

제2막은 이 식물의 악명 높은 물질, 니코틴을 다룬다. 니코틴은 분자식물학에서 가장 잘 연구된 천연 독소다. 독소라고 부를 수밖에 없는데, 용량과 거의 무관하게 독성 효과가 나타나기 때문이다. 니코틴은 전형적인 신경 독소로, 동물 신경계의 아세틸콜린 수용체와 매우 효과적으로 결합하여 '이완 효과' 외에 메스꺼움 및 구토, 기관지 근육 마비에 의한 장기 부전, 사망에 이르기까지, 원치 않는 모든 것을 유발할 수 있다. 야생담배는 알칼로이드계에 속하는 이 2차 대사산물을 뿌리에서 생산하여 다양한 기관으로 보낸다.

우리는 이미 수분 매개 곤충의 유인을 다룰 때 이 얘기를 간략히 언급했었다. 야생담배의 꽃꿀에도 소량의 니코틴이 들어 있다. 그 덕분에 지나가는 곤충과 벌새(벌새도 야생담배의 수분 매개 곤충이다)는 꽃꿀을 과식하지 않는다. 그들은 니코틴 독 때문에 금세 식욕을 잃고 다음 꽃으로 옮겨간다. 이것은 야생담배에 이로운데, 다양한 매개자의 방문 횟수가 늘어나, 다양한 혼합이 늘고 근친 교배율이 줄기 때문이다.

이 식물은 특정 곤충 종과 특히 친밀한 관계, 일종의 애증 관계에 있기 때문에 섬세한 감각으로 적정 용량을 맞춰야 한다. 박각시나방의 애벌레 얘기를 하려는 것이다. 이 야행성 나비는 야생담배의 가장 중요한 수분 매개자이지만, 애벌레는 최대 적이다. 수분이 완료되면, 박각시나방은 담배 잎에 작은 알을 낳는데, 이 알에서 곧 식욕이 왕성한 애벌레가 부화한다. 그리고 이 둘은 매우 친밀한 관계이기 때문에 애벌레는 잎에 들어 있는 표준 용량의 니코틴을 잘 소화할 수 있다. 실제로 박각시나방 애벌레는 다른 포식자들과 비교했을 때 몇 배나 더 많은 신경독을 견딜 수 있다. 이것 역시 매혹과 거부의 균형 잡힌 게임을 통해 서로 다른 두 종이 결합하고 상호 의존하는 오랜 공진화의 결과다. 방문자가 너무 다양해졌다 싶으면, 야생담배의 뿌리는 니코틴 생산을 늘린다. 지상의 잎과 지하의 뿌리가 어떤 전달 물질로 소통하는지 기억하는가? 그렇다, 당연히 그것은 우리가 이미 잘 알고 있는 물질이다. 식물의 꿈결 같은 향기를 만드는 물질, 바로 자스몬산이다. 휘발성의 메틸자스모네이트를 포함하여 식물 호르몬은 초식동물 방어에서 핵심 역할을 한다.[9]

잎에 물리적 상처가 나는 즉시 또는 동물의 타액에 들어 있는 특정 물질이 감지되는 즉시, 야생담배의 자스몬산이 지상과 지하를 부지런히 오간다. 그 결과 코요테담배의 경우, 니코틴 함량이 3~4배 증가한다.

자, 이제부터가 진짜다. 이 정도 농도면 박각시나방 애벌레에게 큰 문제가 되지는 않지만, 전체적으로 성장 속도가 느려진다! 작은 대식가들은 그저 약간 움직임이 둔해지고, 동시에 무시할 수 없는 양의 신경독을 섭취하게 된다. 이것은 다시 더 큰 동물에게 먹히지 않게 그들을 보호해준다.

하지만 식물은 더 멀리까지 생각한다. 언젠가는 작은 애벌레가 결국 커질 것이다. 그러므로 언젠가는 강력한 한마디가 반드시 필요하고, 바로 그것을 야생담배가 한다. 즉, 눈에 보이지 않는 휘발성 화합물을 이용해 주변에 중대한 짧은 메시지를 보낸다. 거친 서부에서는 이런 메시지에 반드시 즉각적으로 응답한다.

이 서부극의 제3막에서는 깜짝 손님이 등장한다. 이 이야기를 할 때마다 나는 세르조 레오네(Sergio Leone)◎의 영화 〈석양의 무법자(The Good, The Bad and The Ugly)〉의 주제곡이 떠오른다. 그리고 클린트 이스트우드와 나머지 두 상대가 영화의 대단원에서 맞붙는 것처럼, 야생담배의 파란만장한 삶에도 완벽한 삼각관계가 존재한다.

'삼중영양 상호작용'이라는 용어가 있는데, 이것은 식물, 초식동물 그리고 초식동물의 천적으로 구성된 특별한 삼각관계의 생태적 효과를 말한다. 박각시나방의 애벌레가 야생담배의 잎을 갉아먹기 시작하는 즉시 삼중영양 상호작용이 시작된다. 잘 알려진 익숙한 게임이다. 발송되는 항공우편, 즉 식물의 볼라틸롬 전체가 바뀌고, 근처 또는 멀리 있는 식물과 동물이 이런 화학적 변화를 감지하고 그에 상응하는 행동을 한다. 북미의 야생담배 니코티아나의 경우, 주요 휘발성 물질인 '리날룰'과 '베르가모텐'이 약 20년 전에 이미 확인되었다. 특히 베르가모텐은 매우 흥미로운 물질이다. 특정 페로몬, 즉 곤충들의 성적 유인제와 구조적으로 매우 유사하기 때문이다. 베르가모텐은 뿌리는 시기가 중요하다. 밤에 뿌리면 매혹적인 향수가 되어

◎　생물학자인 나는 세르조 레오네를 생각할 때마다 발음이 비슷한 소르골레온네(Sorgoleone)가 즉시 떠오른다. 영어로 '소골리온'으로 발음되는 이 물질은 수수의 2차 대사산물로, 곡물의 뿌리에 사는 미생물군을 제어한다. 하지만 이것은 다른 주제다.

박각시나방을 끌어들이고, 낮에는 포식성 곤충을 끌어들여 박각시나방의 수를 엄격히 통제한다. 북미에 널리 서식하는 작은 포식성 곤충 침노린재는 낮에 야생담배의 부름을 듣고 유인 물질을 이용해 사건 현장을 정확히 찾아낸다. 침노린재는 곤충의 알을 좋아하는데 어떤 알이냐를 특별히 가리지 않는다. 생불학에서는 이런 무던한 생물을 '제너럴리스트'라고 부른다. 침노린재는 부화하지 않은 박각시나방의 알을 맛있게 먹는다.

이 연극의 배경인 유타주의 야생에서 진행된 연구들은 놀라운 결론에 도달했다. 야생담배는 휘발성 유기화합물을 방출하는 것만으로 잎을 갉아먹는 곤충의 수를 최대 90퍼센트까지 줄일 수 있다![10] 이 식물은 자급자족하고, 타버린 토양에서 질소 화합물을 흡수하고, 그것으로 신경독을 생성하여 수분, 공격, 방어에 지능적으로 사용한다. 또한, 종의 생존을 위해 박각시나방과 운명적 관계를 유지하고, 상황이 걷잡을 수 없게 되면 지원군을 부른다. 식물에게 소통이 확실히 '유용하다'는 것이 다시 한번 입증되었고, 야생담배는 우리 인간에게 영감을 주어 '유익한 생물'과 협력하도록 한다. 솔직히 말해, 야생담배가 하는 일이 바로 효과적인 생물학적 해충 퇴치에 해당한다. 그리고 자연의 삼중영양 상호작용에서 우리가 배울 수 있는 한 가지는, 농업생태학 맥락에서 식물의 건강을 전체적 관점으로 보는 것이다.

식물을 더 많이 이해할수록 더 좋은 성과를 낼 수 있다. 시간은 좀 걸리겠지만, 미래의 농업은 식물의 공격 및 방어 전략에서 많은 것을 배우고, 동시에 더 생산적이고 지속 가능해질 수 있다. 코요테담배가 모범을 보여주듯이, 최대의 성공을 거두기 위해 반드시 '완전한 지배'가 필요한 것은 아니다. 해충과 익충의 관계에서 우리는 오늘날의 불확실성에 적합해 보이는 진정한 유연성과 회복탄력성을 발견할 수 있다. 점점 더 확실해지는 식물의 놀라운 '인지능력'을 고려할 때, 재배식물(한때 야생식물이었다)을 다루는 우리의 접근 방식이 더러는 너무 어설프고 단순한 것 같다.

이 책 마지막 부분에서 우리는 식물로부터 배울 점과 농업에서 식물과 협력할 수 있는 다양한 접근 방식을 살펴볼 것이다. 종의 경계를 넘는 의사소통, 허공에 떠도는 화학물질 메시지, 식물 인터넷의 자체 사이버 보안을 인식하는 것이 새로운 농업의 첫걸음이다.

목욕물 안에 뭔가 있다

식물세포에서 일어나는 이런 작은 과정이 우리의 공진화와 도대체 어떻게 관련이 있다는 말인지 궁금해졌을 것이다. 내가 보기에 핵심은 식물의 복잡한 생물학적 특성이다. 우리는 이제 식물을 기계처럼 그저 반응만 할 줄 아는 '굼뜬 생물'이나 환경의 영향에 로봇처럼 늘 똑같은 '프로그램'으로 반응하는 농작물로 볼 수 없게 되었다. 동시에 우리는 재배식물을 낭만화하거나 오래전에 사라진 자연 상태로 돌아갈 수 없다. 그것은 가능하지도 않고 바람직하지도 않다. 현대의 식물 연구는 작디작은 세부 사항에만 몰두하는 것 같지만, 자세히 살펴보면, 모든 새로운 발견이 모여 더 큰 그림을 완성하고, 천연 자원을 보다 신중하고 공정하게 다루도록 돕는다.

여기서 자연을 '자원'이라 표현한 것은 결코 폄하가 아니다. 우리는 모두 자연과 자연이 제공하는 생산물에 의존해서 살아간다. 건강한 생태계는 우리에게 상쾌한 공기, 깨끗한 식수, 비옥한 토양을 공급하고 농작물의 효과적 수분을 보장한다. 그리고 이 모든 것이 무료다! 지금까지는 그랬다. 정치인들이 '기후 보호 비용'이라는 엄청난 문제를 제기한 이후로, 환경 단체뿐만 아니라 나 같은 연구자들도 우려하는 마음으로 토지 이용 실태를 살펴보고 있다. 개인적으로 나는 이것 때문에 식물유전학을 더 깊이 연구했고, 아헨라인베스트팔렌공과대학교에서 농작물의 저항성 향상을 주제로 박사학위를 취득했다. 그곳에서 나는 기후 위기의 고난에 대처하는 비밀 무기 한두 개를 보유한 매우 특별하고도 상징적인 식물의 비법을 배웠다.

내가 2018년에 참여했던 이 프로젝트는 본(Bonn)에 있는 식물원에서 시작되었다. 당시 나의 동료들은 지역 정원사와 함께 특히 건강하게 잘 자라는 식물을 찾아 나섰다. 거의 현장 조사처럼 보이는 이런 탐험의 명시적 목표는, 점점 더 빈번해지는 가뭄을 확실하게 견뎌낼 수 있는 자연 발생적 저항성을 찾아내는 것이었다. 60종 이상이 선정되었고, 잎 샘플을 수집하여 아헨 연구실로 가져갔다. 그곳에서 우리는 다양한 테스트를 거쳐 식물 종의 저항력을 분류했다. 내 박사학위 논문에서는 곰팡이병에 대한 저항성이 매우 중요했던 터라, 나는 본에서 채집한 잎 샘플에 여러 유해 곰팡이 포자를 실험했다. 특히 저항력이 강한 식물 속이 하나 있었는데, 바로 모두에게 사랑받는 해바라기속이다. 고전적인 일반 해바라기뿐만 아니라, 돼지감자 같은 다른 재배종도 해바라기속이다.

곰팡이 감염 실험 결과는 정말 놀라웠다. 한마디로, 곰팡이 포자는 아무 일도 하지 않았다. 그들은 해바라기속 잎 표면에 가만히 머무를 뿐, 더는 자라지 않았다. 하지만 식물원의 다른 샘플에서는 균사체가 생기고 실제로 병드는 식물도 있었다. 해바라기의 잎은 곰팡이 입맛에 전혀 안 맞는 것 같았다. 내가 이것을 연구해야 할 이유가 하나 더 생긴 셈이다. 해바라기 잎의 발아 억제 물질 때문일 것이라는 초기 가설에 따라, 내게 주어진 첫 임무는 바로 잎 목욕 시키기였다! 우리는 '깨끗해진' 잎 표면에서 곰팡이 포자가 문제없이 발아하기를 바랐다. 그리고 실제로 해바라기에 물을 듬뿍 줬더니 곰팡이가 잎에서 조금 더 쉽게 싹을 틔웠다. 하지만 더 멀리는 가지 못했다. 해바라기에 다른 방어 수단이 있었거나, 내가 며칠 전에 씻어낸 그 물질을 다시 생산했을지도 모른다.

그다음에는 온실에 해바라기를 대량으로 심었고, 이전과 마찬가지로 잎을 씻기고 목욕물을 부지런히 모았다. 병원균을 억제하는 데 도움이 되는 물질이 이 폐수에서 검출되는지 알아보고 싶었기 때문이다. 앞에서 얘기했던 것처럼, 식물은 가장 창의적인 화합물을 생산하지만, 알뜰하게 에너지를 절약하기 때문에 잎과 뿌리에 필요 이상으로 과잉 공급하지 않는다. 그러므로 어떤 물질이라도 검출하려면 상당한 양의 목욕물이 필요했다. 목욕물을 충분히 모은 후, 일종의 회전증발기로 물의 양을 줄여, 있을지도 모르는 잠재 물질을 농축했다. 결국 나는 약 2밀리리터 정도가 채워진 용기를 손에 들었는데, 이것은 1리터가 넘는 목욕물에서 얻은 농축액이었다. 그리고 이제 진짜가 나타났다. 이 용기가 어둠 속에서 빛을 냈다!

해바라기는 물론이고 나른 여러 식물 종이 쿠마린으로 형광 물질을 생성할 수 있다는 것은 이미 알려진 사실이다. 하지만 쿠마린은, 특히 해바라기의 쿠마린은 주로 뿌리에서 발견된다. 쿠마린은 뿌리가 철 이온을 잘 흡수하게 돕는다.[11] 그런데 목욕물 농축액을 분석한 결과, 해바라기 잎에서도 같은 쿠마린이 발견되었다. 공기 중에서 철분을 흡수하지는 않으므로, 아마 그 용도로 고안된 것은 아닐 것이다. 우리는 목욕물 농축액에서 개별 화합물을 분리하고 곰팡이 포자가 식물이 아닌 개별 용액이 담긴 시험관 안에서도 자랄 수 있는지 관찰했다. 순수한 물이 담긴 시험관에서는 일반적으로 세 시간 이내에 발아했다. 쿠마린이 함유된 물에서는 용량에 비례하여 발아가 억제되었다.

뿌리에서 매일 양분을 수송하는 데 중요한 역할을 하는 물질이 마치 잎에서는 질병과 싸우는 임무도 수행하는 것처럼 보인다. 게다가 더욱 화려해지기까지 한다. 쿠마린의 형광(빛)은 천연 화학물질이 자외선을 흡수해서 생기는 특성이다. 그러므로 이 물질의 또 다른 기능이 해바라기를 해바라기답게 만든다고 할 수 있겠다. 이 물질은 일정 정도 *자외선 차단 기능을 한다!* 내 실험 식물의 또 다른 초능력이다. 이것은 가뭄에 강한 품종으로 개량하는 데 매우 흥미로운 특성일 수 있다.

박사과정이 끝나기 직전, 나는 설렘과 혼란스러움을 동시에 느꼈다. 도대체 어떻게 이 식물은 한 가지 물질을 그렇게 다른 용도로 쓸 수 있을까? 어디에 더 많이 필요하고, 어디에 덜 필요한지 어떻게 결정할까? 어떤 생화학 과정이 세포와 잎 표면의 쿠마린 농도를 조절할까? 박사학위 지원자들이 거의 다 그렇듯이, 나 역시 답보다 의문이 더 많은 상태로 시험장에 갔다. 그리고 본대학교의 식물원에서 해바라기속의 기발한 생화학을 봤을 때, 나는 밝혀내야 할 것이 아직 얼마나 많은지 다시 한번 깨달았다.

현재 쿠마린은 뿌리 왕국의 미생물군 구성에도 영향을 미치는 것으로 알려져 있다. 2019년 '식물-미생물 상호작용에서 쿠마린 시대(The Age of Coumarins in Plant-Microbe Interactions)'라는 눈길을 끄는 제목의 리뷰 논문에서, 위트레흐트대학교의 저자들은 결론 부분에 이렇게 썼다.

"쿠마린의 역사는, 이토록 작지만 어디에나 있는 화합물이 (…) 식물, 동물, 인간의 성장과 건강에 어떻게 영향을 미치는지 인상적으로 보여준다."[12]

나는 논문 심사위원들과 심도 있는 토론을 거쳐 박사학위 시험에 통과한 후, 이런 결론에 동의할 수밖에 없었다. 하지만 반지 원정대의 일원인 보로미르의 말을 빌려 이렇게 덧붙이고 싶다.

"그토록 작은 것 때문에 우리가 그토록 많은 두려움과 의심을 견뎌야 하는 것은 기이한 운명이다. 그토록 작은 것 때문에!"

식물 연구가 새롭게 밝혀낸 사실들을 배울수록 나는 인간만 정보 위기에 직면한 게 아니라는 생각이 종종 들었다. 오해, 양극화, 급진화, 가짜 뉴스, 고의적 허위 정보 등으로 어려움을 겪고 있는 우리와 똑같이, 농작물도 종종 가짜 뉴스에 노출된다. 우리가 그들의 특정 의사소통 수단을 없애고, 중의적이고 모호한 신호를 보내는 물질로 폭격을 가하기 때문에 그리고 금시초문인 라이벌의 신무기에 대처해야 하기 때문에, 그들은 완전히 혼란에 빠져 있다. 동시에 그들은 인간에게 일부 책임이 있는 일종의 유전적 치매를 앓고 있다. 나는 지금까지의 품종 개량을 비판하고 싶지는 않다. 식물과 협력하여 이룩한 식용작물의 다양성이 아주 맘에 들기 때문이다. 하지만 이미 언급한 대로, 새로운 시대에는 새로운 목표가 필요하다. 그리고 기후에 적응해서 사는 데 필요한 모든 장비를 농작물에게 제공하려면 아마도 시스템 업데이트가 필요할 것이다.

오늘날의 품종 개량은 백신 프로그램을 업데이트하는 것과 같다. 오랜 공진화를 거치면서 우리는 식물의 효과적인 방어 수단 중 일부를 없앴다. 예를 들어, 더 맛있게 하기 위해 오이의 쓴맛 물질을 제거했다. 이제 없앴던 방어 수단을 다시 가져와 저항성을 높이는 것이 합리적일 수도 있다. 물론 항상 그래야 하는 건 아니고, 모든 곳에서 그래야 하는 것도 아니다. 미국 대초원의 코요테담배가 하는 것처럼, 필요한 곳에만 정확히, 아주 선택적으로 미세하게 타격하면 된다. 확실히 우리는 식물의 자기방어 능력을 과소평가한다. 식물이 자기방어 능력을 입증할 수 있도록 우리는 이 장에서 칭송했던 식물의

'군사적 역량'을 되돌려주어야 한다. 식물은 변화의 시기에 이런 방어력을 통해 가장 좋은 의미의 저항성을 갖게 된다. 매년 새로운 도전이 닥친다. 해충과 가뭄이 대표적 사례다.

식물 왕국의 정보 위기는, 완전히 다른 지역의 동종 식물이 우연히 또는 의도적으로 침입하여 뿌리를 내리고 확산하는 데서 시작된다. 외래종의 침입을 경계하는 것은 항상 매우 보수적으로 들린다. 그러나 침입종은 전 세계 생물 다양성 손실의 주요 원인 중 하나이므로 심각하게 받아들여야 한다. 이에 대한 과학적 증거는 명확하다. 해외여행을 하는 제트족 식물들을 어떻게 다룰 것이냐의 문제가 진짜 최종 보스일 수 있다. 누가 '잡초의 제왕'이 될 것인가? 번성과 쇠퇴를 건 투쟁에서, 무엇이 어디에서 자랄 수 있는지 결정하는 권한은 누구에게 있을까? 인간 세상에서든 식물 세상에서든, 식민주의는 결코 좋은 생각이 아니었다.

신참자들: 제국의 역습

몇 안 되지만 모두 좋은 사람인 나의 친구 및 지인들은 식물학자인 내게 특별한 임무를 부여했다. 나는 원격으로 그들의 실내 관상용 식물의 건강 상태를 진단해야 할 뿐만 아니라, 요리에 쓸 허브의 수명을 연장하는 방법과 텃밭의 성가신 잡초를 없애는 요령도 알려줘야 한다.

어머니는 몇 년 전부터 그라운드 엘더가 점점 더 많아져 정원을 뒤덮으려 한다고, 귀에 못이 박히도록 불평했다. 하지만 흔히 산미나리로 더 잘 알려진 이 풀은 현재 온 가족이 식사할 때 초여름 샐러드에 꼭 들어간다. 사실, 어머니가 이 풀의 최대 포식자나 마찬가지다. 이 풀은 잡초이지만 먹을 수 있는 나물이기도 하다. 맛은 파슬리와 당근과 비슷한데, 모두 같은 과에 속하기 때문이다. 가장 맛있는 것은 봄에 나오는 연한 잎이다. 산미나리는 비타민이 매우 풍부하고, 소화가 잘 되는 카로틴, 마그네슘, 칼슘, 철분 등 소중한 미량영양소를 함유하고 있다. 또한, 중세시대부터 약초로도 사용되었다. 항염, 항류머티즘, 소화에 효과가 있다.

하지만 이 식물은 덩굴을 만들며 아주 폭발적으로 번식하기 때문에, 약초를 모아 연고까지 만들어 쓰는 꼼꼼하고 부지런한 어머니조차도 따라잡을 수가 없다. 땅에 근접한 부위는 겨울을 거뜬히 이겨낸다. 그리고 일단 아름다운 새하얀 산형꽃이 피면, 그들의 확산을 막기에는 이미 너무 늦었다. 얼마 지나지 않아 수만 개의 씨앗이 사방으로 퍼져 새로운 영토를 정복하기 때문이다. 저널리스트 주자네 비보르크(Susanne Wiborg)는 주간지 《차이트》에 '잡초가 이긴다(Unkraut gewinnt)'라는 적절하면서도 좌절스러운 제목으로 이렇게 썼다. "산미나리와의 전투는 인간의 행위가 얼마나 헛된지 잘 보여준다."[13]

나는 무엇보다도 산미나리의 질긴 생명력에 매료되었다. 이 식물은 놀라운 재생 능력을 지녔고, 괭이질이나 뽑기에도 끄떡없고 심지어 시중에서 판매되는 대부분의 제초제도 이겨낸다. 도전해보고 싶은 마음이 생겼는가? 그렇다면 2년 동안 두꺼운 비닐로 땅을 덮어두어라. 그러면 산미나리는 죽을 것이다. 하지만 씨앗에는 이 방법이 통하지 않는다. 유타주 숲의 야생담배와 비슷하게 산미나리 씨앗은 2년 넘게 기다렸다가 싹을 틔울 수 있다. 산미나리의 초능력은 뿌리에서 나온다. 산미나리의 뿌리는 최대 50센티미터 깊이까지 빽빽하게 밑으로 옆으로 연결된 네트워크를 형성하여 정원의 가장 먼 구석까지 뻗어 이듬해 봄에 아주 순수한 모습으로 다시 땅에서 솟아난다.

나는 일반적으로 산미나리를 그냥 받아들이고 그 혜택을 누리라고 권한다. 당신의 정원에는 식물 슈퍼 히어로가 있고, 이 책을 읽은 후 적절한 기회에 당신의 광범위한 식물 지식을 과시할 수도 있을 것이다. 그럼에도 산미나리와 불리한 싸움을 벌이기로 결심한 사람을 위해, 인터넷 깊은 구석에서 찾은 비법을 소개하겠다. 아직 직접 시험해보지는 않았지만, 나는 이 아이디어에 크게 감탄했다. 정원 잡지 《가르텐저널(Gartenjournal)》의 웹사이트에서 읽었는데, 감자를 심으면 산미나리를 물리칠 수 있다고 한다.[14] 무성한 윗부분을 최대한 제거하고 가장 굵은 뿌리까지 뽑아낸 다음, 흙을 약간 풀어주고 그 자리에 씨감자를 심는다. 이론적으로 감자가 더 빠르고 강력하게 자라기 때문에 산미나리에게서 빛과 양분을 빼앗는다. 인간의 관점에서 해결할 수 없는 '문제'를 식물의 관점으로 보고 식물의 뿌리에 기반한 무기로 침략자들을 물리치는 아이디어가 마음에 든다. 실제로 감자는 강력하고 산미나리와 끈질기게 경쟁할 수 있다. 효과적인 혼합 경작의 잠재력을 더욱 연구해야 하는 또 다른 이유다.

언뜻 침략자처럼 보이겠지만, 사실 산미나리는 (독일에서) 침입종이 아니다. 이것은 중부 유럽이 원산지이고 다른 종을 위협하지도 않는다. 오히려 그 반대다. 산미나리는 숲 생태계에서 중요한 기능을 수행한다. 그들의 꽃과 잎은 다양한 애벌레의 식량이 된다. 그러나 북미에서는 상황이 다소 다르다. 산미나리는 관상용 식물로 처음 그곳에 도입되었지만, 지금은 토종식물을 위협하는 종 순위에서 중간쯤 위치해 있다. 그러니 이제 용어를 좀 명확히 해둬야 할 것 같다. 토착종 왕국에 정착한 외래 식물을 '신생식물'이라고 하고, 동물의 경우는 이와 유사하게 '신생동물'이라고 부른다. 새롭게 도입된 외래 생물을 통틀어 '신생생물'이라고 한다. 인간이 의도적으로 또는 의도치 않게 다른 서식지로 도입한 신생생물이 빠른 확산으로 생태적 경제적 피해를 입히면, 그것을 침입종이라고 한다.

그러니까 모든 것은 용량에 달렸다는 파라켈수스의 말과 일맥상통한다. 신생식물이 침입종이 되려면, 토착종과 경쟁해서 이길 수 있는 강점이 적어도 하나는 있어야 한다. 강점의 예시는 식물 종만큼 다양하다. 영리한 번식 전략, 짧은 생장기, 천적의 부재, 화학적으로 이웃 식물 억제하기 등등. 아주 고전적인 예시도 있는데, 신생식물은 기후변화 같은 급격한 환경 변화에 더 잘 적응하여 경쟁에서 이긴다. 무엇보다도 우리 인간이 호위무사처럼 신생식물의 손쉬운 확산을 돕는다. 경작지 이용법의 변화, 단일 재배, 소위 '곤충 친화적' 외래종◎ 등이 침입종 문제를 더 키운다.

과거에는 극복할 수 없는 자연적 장벽이 있었지만, 오늘날에는 하늘 아래 한계가 없다. 15세기경부터 세계무역이 바다, 산, 사막, 강을 잇는 통로를 개척하면서 코스모폴리탄 식물 종이 탄생하는 길이 열렸다. 통제 불능의 신생식물은 일반적으로 정착한 지 한참 뒤에야 비로소 눈에 띄는데, 그 대표적인 예가 호장근이다. 극동아시아가 원산지인 이 식물은 약 200년 전에 유럽 임업에 도입되어 붉은사슴 같은 야생동물의 식량으로 또는 양봉업에서 벌 방목지로 사용하기 위해 조성되었다. 이 식물은 땅 위를 기듯이 뻗어나가는 덩굴로 번식하여, 지금은 강과 고속도로 가장자리를 수 킬로미터에 걸쳐 '장식'하고 있다. 다음에 장거리 운전을 할 때, 하트 모양의 잎사귀와 하얀 꽃술, 지그재그로 뻗은 가지의 울창한 덤불숲 울타리를 눈여겨보라. 그리고 이따금 죽일 듯이 째려보라. 침입종 격퇴에 도움이 될 수도 있으니까.

생물다양성과학기구(IPBES)의 최신 보고서에 따르면, 침입종의 확산은 전 세계적 멸종을 촉진하는 가장 중요한 요인에 속한다.[15] 그리하여 침입종은 기후변화, 환경오염, 천연자원 착취 못지않게 파괴적인 것으로 여겨진다. 침입종은 심각한 문제다. 약 50년 동안 새로

◎　예를 들어, 부들레야는 가짜 친구다. 이 식물은 다양한 곤충을 불러들이지만 모든 토착 곤충에게 먹이를 줄 수는 없다. 언제나 푸른 이 신생식물은 매우 빠르게 확산하여 토착식물의 자리를 빼앗고 그 씨앗은 수십 년 동안 발아력을 유지한다. 그러니 심지 마시길!

운 침입종이 증가하고 있고, 둔화 조짐은 보이지 않는다. 말하자면, 식물 사이에도 제국주의가 존재한다. 우리가 알고 있듯이 잔혹한 제국주의이지만, 미묘한 차이가 있다. 우리 인간도 여기에 죄책감과 책임감을 느껴야 한다는 것이다. 생물다양성과학기구는 이 위기가 위기로 머물게 하기 위해 긴급 억제 조치를 촉구한다. 예를 들어, 법적 구속력이 있는 정책과 처벌을 통해 육지와 물과 해양의 생태계를 보호하는 국가 정책을 도입할 것을 촉구한다.

아이러니하게도, 가장 생산적인 산업국가가 가장 자주 새로운 식물 종을 전 세계에 퍼뜨리고, 그로 인해 스스로 압박을 받는다. 2016년에 발표된 한 연구 결과에 따르면, 미국과 중국은 한편으로 침입종 및 그로 인해 발생하는 새로운 식물병 때문에 가장 큰 경제적 피해를 당하게 될 것이고, 다른 한편으로 무역을 통해 전 세계에 신생식물을 가장 많이 퍼뜨릴 것이다.[16] 그러나 경제력 측면에서 볼 때 사하라 이남 아프리카의 개발도상국들이 특히 위협을 받고 있다고 한다. 이들의 농업은 외래종의 침입에 극도로 취약하기 때문이다.

가장 가난한 국가들이 경제적 피해를 보고 어머니들이 정원에서 좌절하는 한편, 우리가 살고 있는 푸른 지구의 전체 생태계는 위험에 처해 있다. 침입종은 마치 학교의 고루한 엉터리 시스템에 짜증을 내며 문제를 일으키는 반항아들처럼 점점 더 부정적 주목을 받고 있다. 이런 반항아들과 마찬가지로 어떤 면에서는 신생식물도, 모든 생명체를 인간의 관점으로 대하고 인간적인 행동 방식을 강요하는 시스템의 희생자일 수 있다. 그들은 얌전히 줄을 서는 대신 자기가 가장 잘하는 일을 하고 창의성을 발휘한다. 다만, 신생식물은 책상 밑에 낙서를 하거나 껌을 붙이는 대신 화학을 이용한다. 침입종의 2차 대사산물은 뿌리를 통해 토양으로 유입되고 이동하여 다른 식물에 영향을 미치고 수확량과 생물 다양성을 감소시킨다. 실험실에서 밝혀진 것처럼, 침입종인 양미역취의 추출물은 야생 및 재배식물의 발아, 성장, 광합성에 파괴적 영향을 미친다.[17] 우리가 화학 합성 무기로 무장해봐야 그다지 도움이 안 되는 것 같고, 오히려 반항하는 식물의 문제를 악화시킬 뿐이므로, 신중하게 고안된 새출발이 필요한 시점이다. 화학 합성 무기 대신 온화하고 효과적으로 침입종에 대처하는 방법이 분명 있을 것이다. 예를 들어 산미나리 한복판에 감자를 심는 것 같은 그런 방법.

이 장을 마치면서 짧은 일화를 통해, 새로 배운 용어 세 개를 복습해보자. 쿠마린, 2차 대사산물, 신생식물. 수년간 나를 매료시킨 매혹적인 식물의 삶에서 이 세 가지 모두가 중요한 역할을 한다. 나는 아헨에서 트리어(Trier)까지, 화산지대와 융기된 습지와 혼합림을 지나는 아이펠슈타이크(Eifelsteig) 길을 따라 트레킹을 하던 중 그것을 처음 만났다. 키가 2미터 반이 넘었고, 팔뚝 굵기의 꽃자루에 새하얀 꽃이 우산 모양으로 펼쳐져 있었다. 나는 새하얀 꽃을 피우는 이 식물이 온몸에 무장을 하고 있다는 걸 알았기 때문에, 안전하게 멀찍이 떨어져서 관찰했다. 큰멧돼지풀 얘기다. 자이언트 호그위드, 헤라클레스풀, 큰곰발톱이라고도 불리는 거대한 잡초.

산미나리와 마찬가지로 큰멧돼지풀은 산형화과이고, 믿을 수 없을 만큼 빠르게 자라며, 천연 화학물질을 가득 품고 있다. 하지만 이 화학물질은 좋은 종류가 아니다. 이런 풀은 입에 대지도 말아야 한다. 첫입에 벌써 이상하게 몸이 가렵고 나중에는 끔찍한 고통을 겪을 것이기 때문이다. 자이언트 호그위드는 마녀 수프 레시피의 주재료로 인정받았고, 쿠마린의 일종으로 빛을 감지하는 이른바 감광성 물질을 생산한다.

해바라기에 함유된 쿠마린을 떠올리면, 이것이 햇빛에 반응하여 강렬한 자외선으로부터 식물을 보호한다는 것도 알 수 있다. 헤라클레스풀 물질의 햇빛 반응은 훨씬 더 치명적이다. 이 풀의 쿠마린은 햇빛에 노출되면 사람과 동물에게 고통스러운 물집과 '화상'을 입힐 수 있고, 이것은 잘 낫지 않고 흉터를 남긴다. 쿠마린이 닿은 부위가 몇 시간 또는 며칠 후에 빛에 노출될 때 그제야 광독성 반응이 나타나기도 한다. 게다가 무더운 날에는 쿠마린 물질이 주변으로 방출된다. 이런 풀 근처에 오래 머물면, 독 물질을 흡입하여 호흡곤란을 겪고, 최대 3주 동안 지속되는 기관지염을 앓을 수도 있다. *세상에! 큰 멧돼지풀은 어째서 동물과 협력할 수 없을 정도로 흉포한 무기를 만들었을까?*

자, 이제 곤충들이 식물의 독에 관해 아무것도 모른 채 접시 크기의 꽃을 떼로 방문한다. 그리고 이 식물은 우리의 도움 없이도 씨앗을 퍼뜨릴 수 있다. 씨앗은 바람을 타고 날거나 물을 타고 헤엄쳐 큰 강들이 가로지르는 중부 유럽을 점차 정복하고 있다. 이제 다음 용어로 넘어가보자. 큰멧돼지풀(누가 이런 이름을 지었을까?)은 침입종 신생식물이다. 코카서스에서 독일로 들어와, 다소 왜소하고 사악하지도 않은 어수리속 같은 토착종을 위협한다. 유전학에서만 철자 하나가 큰 차이를 만드는 게 아니다!(어수리속의 학명은 'Heracleum'이고 큰멧돼지풀의 학명은 'Heracleum mantegazzianum'이다—옮긴이 주) 딱 맞는 표어가 떠올랐다. "맞춤법이 생명을 구할 수 있다!"

큰멧돼지풀은 건강을 위협할 뿐 아니라, 강둑의 안전도 해칠 수 있다. 강둑에서 종종 이 풀이 발견되는데, 그 뿌리가 강둑 지반을 헐겁게 하고, 이 풀의 그늘에서는 다른 식물이 거의 자라지 않기 때문에 강둑 전체가 무너져 내릴 수 있다. 홍수가 나면 토양이 침식되어 무너지고, 신생식물의 씨앗은 물을 타고 유유히 떠내려가면서 혼란과 파괴를 남긴다. 많은 지역에서 큰멧돼지풀을 제거하기 위해 자원봉사 단체가 투입된다. 그들은 전신 보호복을 입고 절단기와 제초제로 식물을 처리한다. 이런 공격이 실제로 장기적으로 성과를 거둘지는 아직 알 수 없다. 어쩌면 식물 왕국에서 자체 제작한 무기가 결국 우리에게 도움이 될지도 모른다. 연구 당시, 내 주변의 여러 연구팀이 문제의 침입종에 유의미한 억제 효과를 보이는 천연 물질을 이용해 새로운 대안 물질을 개발하고 있었다.

식물과 공유하는 우리의 진화와 식물의 창조적 방어 및 공격 수단은 매우 흥미로운 연구 분야다. 이것은 문화사적으로 소크라테스를 죽인 독이 든 잔을 비롯하여, 책 한 권을 쓸 만큼(제목으로는 '100가지 천연 물질로 보는 세계사'가 좋겠다) 방대한 자료를 제공한다. 침입종 신생식물에 관해서도 책 한 권을 너끈히 쓸 수 있을 것이다. 그러나 여기서는 히말라야 물봉선, 세로티나 벚나무, 캐나다말 등의 독창적이고 성공적인 번식 전략은 건너뛰고, 증거에 기초하여 보다 과감하게 종을 보존하자는 호소로 마무리하고자 한다. 매일 숨 쉴 수 있는 공기와 마실 수 있는 물을 공짜로 주는 생태계를 연구함으로써 생태계와 우리 자신을 보호하는 효과적인 방법을 알아낼 수 있다. **우리는 적어도 식물에서 영감을 얻을 수 있다.** 식물들은 말하자면 늘 전쟁 중이고, 거시적으로 미시적으로 모든 전선에서 싸우며, 산불에서 독성 물질에 이르기까지 온갖 수단을 동원한다. 그리고 터무니없는 아이디어란 없다. 시도해보자. 일단 해보는 것이 궁리만 하는 것보다 더 낫다. 과학의 험난한 길에서, 잘못된 가설은 버려지지만, 좋은 접근 방식과 아이디어는 더욱 발전한다. 그리고 우리에게는 끊임없이 언제든지 투입할 수 있는 창의적이고 젊은 연구자들이 많이 있고, 그들은 임박한 자연재해를 막을 최후의 수단으로 자주 거론되는 '대규모 억압 정책'을 능가하는 새로운 아이디어를 찾아낼 것이다. 확신하건대 우리는 과거보다 더 똑똑해졌다.

예를 들어 생물학자 카티아 후가드(Katia Hougaard)는 내게 희망찬 미소를 안겨주었다. 그녀는 한 팟캐스트에서, 채소와 온실가루이 사이의 분자 전쟁 연구에서 영감을 받아[18] 온실에 향을 피워 해충을 혼란스럽게 한다고 발표했다. 카티아 후가드가 직접 밝혔듯이, 무작위 표본과 통제된 실험 설정 같은 과학적 근거가 부족한 관찰이었지만, 레몬그라스와 파출리 향은 성가신 해충에 특히 효과가 좋았다. 식물의 향을 교묘하게 활용한 결과, 정원에 꽃향기가 가득해졌을 뿐 아니라, 채소에 붙은 온실가루이의 알도 현저히 줄었다. 결론적으로 말해, 식물과 인간은 함께일 때 강하다. 그러니 내면의 향을 모두 모아, 조금이나마 평화와 사랑을 퍼뜨려보자. 무장, 호전적 언어, 해충과의 생물학적 전투에도 불구하고, 결국 식물은 역시 사회성 생물이다.

6장 개화기

건초의 50가지 그림자

6장 개화기

건초의 50가지 그림자

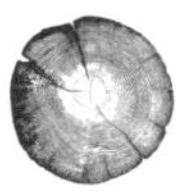

식물도 인간과 마찬가지로 야생과 농장에서 사회를 이루어 살아간다. 그들은 함께 자라고 소통하고 개화 시기를 맞춰 효과적으로 번식한다. 여러 식물 군집이 모여 오늘날 우리가 알고 있는 세상을 만들었다. 그들은 독립적으로 존재하지만, 공동체를 이루면 더 강해진다. 어쩌면 진정한 힘은 개별 개체가 아니라 안정적인 다양성에서 나온다는 것이 결국 번영하는 문명의 지혜이자 교훈인 것 같다.

무지개 끝에 있는 보물

식물은 이미 육지 생활 초기부터 다른 생물에 의존했다. 그들은 지구 표면에 정착할 당시 균류의 도움을 받았고, 균류는 지금까지도 식물 뿌리에서 양분의 효율적 보급을 돕고 있다. 또한, 식물은 토양의 보호 속에서 박테리아와 협력하여 대기 질소를 포획하고 그것을 통해 스스로에게 거름을 준다. 식물은 지상에서 서로 공동체를 이루고, 다양한 동물과 협업하여 꽃가루와 씨앗을 퍼뜨려 종을 보존한다. 수분은 식물에게만 중요한 것이 아니다. 식물이 빗물을 여과하여 식수로 만들거나 공기를 정화하는 것과 마찬가지로, 식물의 수분은 인류의 식량을 위해서도 그리고 지구에서의 편안한 삶을 위해서도 필수다. 아무튼, 자연은 우리에게 휴식과 누림의 형태로 편안함을 무료로 제공한다. 외부 생물과 잘 협력하여 얻는 이런 혜택을 통칭하여, 다소 과해 보이는 용어이긴 하지만, '생태계 서비스'라 부른다.

권위 있는 농업연구소인 프랑스 국립농업연구소(INRA)의 한 연구팀은 전 세계에서 이루어지는 수분이 우리 식량에 미치는 경제적 가치를 계산해보았고, 153,000,000,000유로(약 230조 원)에 달한다는 결론을 내렸다. 물론 연구팀은 이 논문에서[1] 1,530억이라는 숫자에 어느 정도 불확실성이 있음을 인정했다. 예를 들어, 곤충의 감소가 농장과 야생 생태계에 미치는 영향을 계산하는 것은 불가능하다. 농업의 적응 행동으로, 재배 전략을 바꿔 바람을 이용해 수분하는 경우도 있으므로, 이것 역시 계산할 수 없다. 연구팀이 논문에 명시한 이 연구의 목적은 수분의 시장 가치를 정확히 알아내는 것이 아니라, 곤충 감소로 직면하게 된 세계 식량 안보의 취약성과 민감성을 조명하는 것이다. 어떤 이들에게는 익숙한 정보일 테고, 생태계가 제대로 작동하지 않을 때의 비용을 계산하는 것이 지구위험한계선 준수 비용을 계산할 때 발생하는 기후 정책의 혼란만큼이나 터무니없어 보일 것이다. 하지만 마지막 터보 자본가들과 토론할 때 꺼내놓을 수 있는 주장 하나를 더 확보하는 차원에서라도, 이런 수치를 갖고 있는 것은 나쁘지 않다.

생태계 서비스가 없다면 인류는 지구에서 살지 못할 것이다. 과학계, 특히 생물다양성과학기구는 꽤 오래전부터 이것을 경고해왔고, 자연의 유익한 기능을 보존하는 것에 암울한 전망을 내놓았다. 그렇더라도 적절한 협력으로 상황을 반전시킬 수 있다는 희망은 여전히 있다. 식량 생산을 위한 마법의 단어는 농업 시스템의 다양화다. 식물은 다양할수록 좋다. 이 장에서는 생산적이고 정돈된 농업이 다채로운 색상과 다양한 형태의 식물들과 어떻게 조화를 이루는지 살펴볼 예정이다. 그리고 다양성과 생산성의 목표 충돌을 수천 년 동안 겪어온 그들로부터 직접 배울 수 있을 것이다. 이를테면, 식물 역시 가능한 열매를 많이 맺고, 번식하고, 확산해야 하는 진화적 압력을 받지만, 동시에 환경을 과도하게 착취하지 말아야 하는, 즉 자신의 생태계 서비스를 망치지 않아야 하는 압력도 같이 받는다.

인간과 식물은 서로 다른 차원으로 존재하지만, 이러한 타협은 인간을 식물(그리고 지구상의 모든 생물)과 연결해주고 우리가 여전히 공진화 중임을 다시 한번 보여준다. 인간은 함께하는 여행에서 그저 잠깐 벗어났고, 지나치게 공격적인 경제 형식으로 인해 길을 놓쳤을 뿐이다. 이것은 위험할 수 있다. 하지만 다행히 식물의 도움으로 우

리는 집중력을 되찾고, 안전벨트를 채우고, 상충하는 목표들의 교통
체증 속을 안전하게 헤쳐나갈 수 있다.

포트폴리오 다각화

널리 그리고 과도하게 많이 사용되는 '생물 다양성'이라는 단어
는 적어도 세 가지를 통합한 학술용어다.

- 유전적 다양성
- 종의 다양성
- 생태계의 다양성

정치 토론 방송과 인스타 릴스에서는 생물 다양성을 대부분 종
의 다양성으로 다룬다. 충분히 예상 가능한 일인데, 새끼여우, 코알
라, 수달은 그냥 너무 귀엽고 그래서 다양성이나 다양성 보존 주제에
감성적으로 다가가기가 더 쉽기 때문이다. 식물 다양성이라는 말이
나오면 우리는 종종 열대우림의 종 팔레트나 정원의 다양한 꽃들을
떠올리고, 침입종 신생식물이 섞여 있더라도 상관하지 않는다.

한곳에 다양한 종이 많이 사는 것은 좋은 일이다. 모두가 오래
전부터 직감적으로 이렇게 생각했다. 다다익선. 하지만 '많은 유전자'
또는 '많은 생태계' 역시 중요하다는 것은 SNS 게시물로 설명하기가

다소 어렵고 더 추상적이다. 우리는 쇼핑 때마다, 예를 들어 신선한 과일 코너 앞에서 유전적 다양성을 명확히 확인할 수 있다. 거기에는 녹색부터 빨간색까지, 퍽퍽함, 아삭함, 새콤함, 달콤함 등의 식감과 맛을 가진 다양한 사과 품종이 엘스타, 브레이번, 그래니스미스 같은 유명한 이름을 달고 진열되어 있다.

사실, 이것은 생물 다양성과 큰 상관이 없다. 이런 사과들은 모두 개량된 품종으로 오직 한 가지, (주목!) 유전자만 다르다. 과일의 다양한 품종에 반영된 유전정보의 차이는, 빵을 구운 뒤의 밀가루 색깔의 차이, 잎채소의 모양 차이, 감자의 조리법 차이와 같다(감자칩, 감자튀김, 보드카에는 전혀 다른 특성의 감자 품종이 필요하다). 근대, 시금치, 비트 역시 같은 종에 속하고, 겉모습은 다르지만 유전적으로는 거의 동일하다.

일상생활에서 '종'과 '품종'이 미묘하게 혼동될 때, 주의를 기울이기 바란다. 그 차이를 아는 것이 생물 다양성에 매우 중요하다. 둘의 차이를 설명하자면 이렇다. 품종은 개량할 수 있다. 그래서 다양화할 수 있다. 종은 개량할 수 없다. 서로 다른 두 종이 교배되는 일은 매우 드물지만, 서로 다른 두 품종은 쉽게 교배될 수 있다. '보이지 않는 생물 다양성'이 우리의 식량에 미치는 힘이 바로 여기에 있다. 케일과 방울다다기양배추를 교배하면, 양배추 품종이 더 늘어날 뿐 아니라 실질적 부가가치를 지닌 완전히 새로운 채소를 만들어낼 수 있다.

진화론에서 유전적 변이는 종의 분화와 서식지 점유에 도움이 되는 방식으로 아주 긴 과정을 거쳐 나타난다. 말하자면 적응 과정인 셈이다. 인간이 개입하면 유전적 변이가 조금 더 빨리 진행될 수 있다. 우리가 생태계에 가하는 압박을 줄이고 식량 공급원을 보존하고자 한다면 '빠른 진화', 즉 두뇌를 사용하여 식물 유전자를 영리하게 조합하는 것이 큰 기여를 할 수 있다.

소위 오래된 품종의 사례를 보자. 그것들은 대개 당연히 '시대에 뒤떨어진' 품종이지만, 에코 버블로 인해 옛날 품종의 채소와 과일이 좋은 평판을 얻게 되었다. 보존협회와 원예 시민단체는 바로 이런 품종의 '잃어버린 다양성'을 보존하고, 종자식물의 씨앗을 나눠주고, 연대하고, 마치 오랜 전통이 고품질의 증거인 양, 모든 종류의 '오래된 지식'을 미래 세대에 전수하려는 야망을 가지고 있다.

약간의 비아냥거림이 섞인 말처럼 들린다면, 그것은 아마 내가 종자 다양성 주제와 매우 밀접하게 연관되어 있고, 내가 진심으로 사랑하는 이 분야에서 가끔 등장하는 미화 징후에 짜증을 느끼기 때문일 것이다. 어째서 생태학계에 이런 전통주의 및 인지학 편향이 생겼을까? 실용주의와 생태학은 서로 배타적일 수밖에 없는 걸까? "옛날이 더 좋았다"라는 모토에 따라 뒤를 돌아보지 않고는 지속 가능한 발전이 불가능한 걸까?

이 주제는 나중에 이야기하기로 하고, 채소의 오래된 품종으로 돌아가보자. 시각적으로 다양한 이런 품종들은 무역에서 관심을 끌지 못한다. 균일하게 자라지 않거나, 껍질이 얇아 장기간 보관이 어렵거나, 균일한 상자에 담아 균일한 트럭으로 각 지역 상점까지 운송할 수 없기 때문이다. 또한, 기후가 따뜻해지면서 성장이 잘 안 되거나 질병에 쉽게 걸리는 등 훨씬 더 눈에 띄는 단점들도 있다. 오래된 품종 중 상당수는 곰팡이, 바이러스, 곤충의 공격을 받아 (거의) 멸종 위기에 처한 탓에 생산자들은 급히 새로운 품종을 찾기 시작했다.

'거의'라는 단어를 '멸종 위기' 앞에 괄호로 넣은 이유는 종자가 아직 (예를 들어 수많은 유전자은행 중 하나에) 저장되어 있기 때문이다. 유명한 예가 바로 '그로 미셸'이라는 바나나 품종이다. 이 품종은 20세기 초까지 시장에서 가장 성공적인 품종이었으나, 그 후 몇 년 만에 푸자리움 옥시스포룸이라는 곰팡이 때문에 멸종되었다. 그 후로 그로 미셸은 우리에게 익숙한 캐번디시 품종으로 체계적으로 대체되었다. 캐번디시 품종은 현재 90퍼센트가 넘는 점유율로 시장을 독점하고 있다.◎ 전통적인 포도 품종인 뮐러-투르가우를 살펴보자. 포도는 어차피 절박한 위협에 처해 있는 작물이다. 우박이나 늦은 서리 같은 극한 기상 현상이 점점 더 빈번해져 수확량의 상당 부분이 이미 파괴되기 때문이다. 모젤 강변의 대규모 단일 재배지에서 이 오래된 품종을 '보존'하는 것은 별로 도움이 되지 않는다. 더욱 심각한 것은 이 품종이 곰팡이병에 매우 취약하여 살균제를 아주 많이 뿌려

◎ 캐번디시는 새로운 변종 곰팡이 때문에 이른바 '파나마병'의 위협을 받고 있다. 여기서 알 수 있듯이, 새로운 품종이 아무리 훌륭하더라도 다양성 부족은 치명적이다. 몇몇 소수 품종에 시장이 집중되면, 새로운 문제에 더욱 취약해진다.

야 한다는 점이다. 재래 농업뿐 아니라 유기농 포도에서도 이런 일이 일어난다. 여기서 인간의 매우 원초적 기준인 '맛'이 다시 한번 작용하여, 지속 가능한 포도 재배를 위해 필수적인 중요한 단계를 가로막는다.

이미 언급했듯이, 식물의 품종 개량 분야에서 전통은 한편으로 지식의 보존과 전수로 표현되지만, 다른 한편으로 모든 혁신의 완강한 거부라는 씁쓸한 뒷맛을 남긴다. 누군가 "뮐러-투르가우 포도송이에서는 언제나처럼 머스캣 향이 난다"라고 썼다면, 나는 그것을 이렇게 읽는다.

"우리는 언제나 이렇게 해왔어요. 쓸데없이 새로운 것을 시도하지 않아도 되도록 나를 사주세요."

유구한 전통의 채소 및 과일 품종을 고집스럽게 지키려는 이런 태도는 종종 우리의 경작, 즉 농작물과 인간의 공진화와 관련이 있다. 자칫 이것은 타당한 환경보호 야망을 좌절시켜, 더 강한 새로운 품종에 맞춰 우리의 음식 문화를 바꾸기보다 차라리 살충제로 연명하는 쪽을 선호하게 만들 수 있다. 내가 보기에, 전통적인 품종에 대한 향수가 과도하게 큰 역할을 하고, 이는 진지한 생태계 보호를 방해한다. 그러나 오래된 품종이 여전히 필요하다는 것에 반대하고 싶지는 않다. 무엇보다 오래된 품종은 그 모든 다양성 안에 이미 귀중한 보물을 갖고 있기 때문이다.

확실히 해두기 위해 다시 한번 말하는데, 유전적 다양성은 모든 품종 개량의 기초다. 오래된 것과 새로운 것, 야생과 길들인 것, 큰 것과 작은 것, 모든 품종은 우리가 앞에서 맛, 저항력, 소통을 다룰 때 자세히 살펴보았던 환상적인 화학으로 가득 차 있다. 오래된 품종이 망각 속으로 사라질 때마다 잠재된 향, 특성, 방어 물질 또는 전달 물질도 소멸한다. 하지만 이런 것들은, 특히 계획을 세우기 어려운 시기에, 매우 귀중하다. 언제 다시 그런 것들이 필요할지 모르기 때문이다.

그러므로 우리는 생물 다양성의 이점과 정보 그리고 유전학을 축적하고 보물처럼 보호해야 한다. 그리고 내가 말하는 축적과 보호는, 나의 장인어른처럼 장모님의 잔소리에 아랑곳하지 않고 지하실에 온갖 골동품, 수집한 인형들, 길에서 주운 물건들을 가득 쌓아두는 것과는 다르다(내가 마지막으로 그곳 지하실에 내려갔을 때, 벽에 걸린 상어 이빨 두 개가 내게 싱긋 미소를 보냈었다). 유전적 다양성을 보존하면 미래 적응력이 보장된다. 유전적 다양성은 장래 품종 개량의 원료이고, 격동의 시대에 우리에게 민첩성과 유연성을 준다. 씨앗 다양성을 보존하고 저장하는 것은 중요한 파일을 외장하드에 백업해두는 것과 같다.

여행지에서 찍은 사진, 유년기의 스냅사진, 편지 등에 강한 정서적 애착을 갖는 것처럼, 씨앗도 마찬가지다. 그 안에는 우리의 문화사가 담겨 있다. 인간과 식물이 함께한 여정과 모든 흥망성쇠를 담은 장대한 여행기이자 역사다. 부활을 위해, 슬라이드 쇼를 위해, 본질을 기리기 위해, 때때로 수집품을 살펴보는 것은 가치 있는 일이다. 그리고 미래의 생물 다양성을 위한 영감도 틀림없이 인류의 하드

드라이브에서 찾을 수 있을 것이다. 다채로운 채소 보물을 저장하고 보존하는 것만으로는 충분하지 않다. 우리는 그것을 또한 재배해야 한다.

종자는 살아 있는 체계 안에서만 그 잠재력을 발휘할 수 있다. 먼지 쌓인 병에 머무르는 종자는 아무에게도 쓸모가 없다. 우리는 더욱 대담하고 창의적으로 재배하고, 새로운 것을 시도하고, 오래된 품종과 새로운 품종을 결합해야 한다. 오늘날 다양성이 증가한다고 해서 반드시 비용이 늘어나거나 수확량이 감소하는 것은 아니다. 새로운 농업 기술 덕분에 많은 것이 훨씬 수월해졌기 때문이다. 이에 대해서는 뒤에서 더 자세히 설명하기로 하자.

불행히도 서식지의 다양성은 어려운 시기를 대비해 저장해둘 수 없다. 생태계의 다양성은 유전적 다양성보다 시각화하기가 더 쉽지만, 본질적으로 복잡해서 이해하기는 더 어렵다. 생태계 차원의 생물 다양성에서는 지역별로 나란히 존재하는 다양한 서식지 유형을 다룬다. 초원, 덤불, 숲 등 다양한 서식지 유형이 시각적으로 명백히 다르다는 것을 다룰 때는, 이따금 '구조적 다양성'이라고도 표현한다. 당연한 얘기이지만, 서식지가 많을수록 생태적 보금자리가 많고, 종의 다양성이 더욱더 높아진다. 어떤 두 가지(혹은 그 이상) 유형의 서식지가 서로 가까이 있는지도 중요할 수 있다. 예를 들어, 양서류는 물과 육지가 모두 필요하고, 박쥐는 둥지를 틀 동굴과 사냥터가 필요하다.

이로 인해 흥미로운 결과가 나타난다. 서로 다른 유형의 서식지 사이에 있는 경계 지대(환경학 용어로 에코톤이라고 한다)도 그 자체로 선형 생태계가 될 수 있다. 이상하게 들리겠지만, 자세히 살펴보면 이런 에코톤 대부분이 우리의 일상 언어에 자리잡았다. 야생동물을 찾고 싶을 때, 우리는 본능적으로 강둑 주변, 숲 가장자리, 벌목지를 떠올린다. 실제로 이런 경계 지대는 생물 다양성이 매우 높고, 여러 생태계 유형의 공존에 특화되어 있다. 경작지 역시 이런 경계 지대를 둘 수 있다. 전 세계 곳곳의 소규모 농업은 다양한 농법을 사용해 거의 자동으로 소규모 밭과 과수원, 목초지와 덤불의 모자이크를 만들어냈고, 이는 전형적인 밭 거주자들에게 생활공간을 제공한다. 불행히도 점점 더 커지고 단일 재배에 집중하는 농장들에 소규모 농업이 흡수되면서, 이곳의 생물 다양성이 훼손된다. 생태계의 다양성이 감소했기 때문이다.

그러나 생산적이고 현대적인 농업과 귀중한 생태계 보존이 상호 배타적일 필요는 없다. 수천 건의 연구 데이터를 분석한 2020년 메타 분석◎에 따르면, 농업의 다양화는 수확량에 악영향을 미치지 않고도 생태계 서비스를 증가시키는 것으로 나타났다.[2] 농장의 생물 다양성을 높이는 여러 접근 방식은 전반적으로 수확량을 동일하

◎　메타 분석이란 더 큰 규모의 통합 표본을 위해 개별 연구를 통계적으로 분석하는 것이다. 따라서 메타 분석 데이터는 독립된 출처에서 수집되고 평가되므로 더욱 신뢰할 수 있다. 또한, 다음과 같이 말할 수도 있겠다. 연구의 다양성을 잘 보여준다!

게 유지하면서 수분, 해충 방제, 양분 순환, 비옥한 토양, 물 조절이 향상되는 것으로 나타났다. 다양한 종의 순환 경작과 에코톤 조성 등 '지상'의 다양성을 높이기 위한 조치는 해충 방제와 물 관리에 특히 도움이 되었고, 예를 들어, 보다 온화한 토양 관리를 통한 '지하'의 다양성은 주로 양분 공급에 이점을 가져왔다.

연구팀은 메타 분석 결과를 토대로, 농업의 다양성 향상이 지속 가능성 목표를 달성하는 유망한 전략이라고 결론지었다. 농업이 변해야 하고, 이를 위해 정치와 사회는 적절한 재정적, 기술적, 정신적 지원으로 농업의 변화를 도와야 한다. 점점 거센 압박에 시달리고 있는 직업군에 유리한 쪽으로 시장 상황이 바뀌어야 한다. 그래야 우리의 식량을 생산하는 사람들이 파산하지 않고 농장의 다양성을 구현할 기회를 가질 수 있다.

농업과 무관한 당신에게 아직 충분한 종잣돈이 없다면, 농작물 재배를 잘 관리된 ETF 포트폴리오라고 상상해보라. 주식 펀드에 투자할 때도 다각화가 중요하다. 포트폴리오에 다양한 주식이 많을수록 경기 침체 때 피해가 덜하다. 만약 한 회사가 파산하더라도(예: 어떤 품종이나 작물의 수확량이 감소하더라도), 다른 회사가 그 피해를 흡수하므로 전체 포트폴리오의 가치는 크게 손상되지 않는다. 다양성은 그 자체로 진정한 회복탄력성을 만들어낸다. 경제 성장을 주요 공약으로 내세우고 있는 독일 자유민주당(FDP)에 열광하는 열렬한 젊은 팬이 가족 중에 혹시 있다면, 이제 당신은 그들에게 생물 다양성의 이점을 아주 쉽게 설명할 수 있으리라.

진짜 과학이 입증한 사실이다. 생물 다양성 보호는 농장 밖에서만 가능한 것이 아니다! 다양성을 높이는 정책을 더욱 발전시키는 일은 가치가 있고, 재정적으로도 의미가 있다. 취미로 채소를 키우는 사람들도 이 원리를 텃밭이나 주말 농장에 적용할 수 있다. 나는 뒤뜰에 소규모로 이런 연구를 재현해보고 정말로 효과가 있는지 즐겁게 확인한다.

독일 감자 타도!

채소밭의 다양성이 높으면 생산성이 좋아진다! 이 가설은 이미 여러 번 입증되었다. 하지만 왜 그런지는 아직 완전히 밝혀지지 않았다. 서로 다른 식물의 영양 성분이 상호 보완하기 때문이라는 것이 한 가지 설명일 수 있지만, 이것을 뒷받침하는 명확한 증거는 아직 부족하다(당근과 양파는 상호 보완해서가 아니라 서로 다른 양분을 필요로 하기 때문에 나란히 잘 자랄 수 있다). 또 다른 설명에 따르면, 생물 다양성이 높은 밭에는 특정 병원균이 감염시킬 수 있는 숙주식물이 그냥 너무 적어서, 그런 병원균의 공격이 '희석'된다. 2023년에 한 연구팀은 이런 '병원균 희석 효과'를 보다 자세히 조사하여 다음과 같은 결론을 내렸다. 여러 송이 한 밭에서 자라면, 특정 종에 특화된 병원균의 삶은 팍팍해지고, 그래서 수확량이 증가한다![3] 균의 특화가 이것과 정확히 어떤 관련이 있는지는 잠시 후에 설명하기로 하고, 먼저

이 실험의 설정부터 살펴보자.

미국 캔자스주에서(2장 시작 부분에서 우리는 이미 이곳 식물의 초능력을 목격했다) 광범위한 현장 실험이 실시되었다. 연구팀은 대학에서 멀지 않은 대지에 국화과, 볏과, 콩과 식물을 각각 6종씩, 총 18종을 심었다. 구획마다 실험 식물 한 종 또는 여러 종을 섞어서 재배했다. 약 4개월 후에 흙을 채취하여 토양생물을 조사했다.

1년이 지난 후에 연구팀은 식물의 지상 바이오매스(수확량)를 기록했다. 예상했던 대로(그럼에도 늘 놀랍게도) 섞어서 심은 구획의 경우, 종의 수가 많을수록 수확량이 많았다. 그러나 콩과 식물이 대기 중의 질소를 포획하여 주변의 다른 식물에 공급했다는 증거는 찾지 못했다. 토양 분석 결과도 흥미로웠다. 식물에 질병을 일으킬 수 있는 '나쁜' 토양 박테리아의 발생이 처음 몇 달 동안에 벌써 상당히 바뀌었다. 특히 여러 종을 혼합해서 심은 곳의 흙에서는 나쁜 미생물이 대부분 희석된 상태였다. 그런데 콩과 식물의 일부 대표자들은 악당들을 몰아내는 데 그다지 능숙하지 못했다. 과학자들은 특화된 병원균이 별로 없기 때문이라고 추측했다. 즉, 콩과 식물은 감염될 수 있는 병원균이 특화되어 있지 않아, 다른 여러 종이 걸릴 수 있는 질병에 같이 걸린다. 병원균들은 거침없이 콩과 식물에 침투한다. 다른 식물 종들은 여러 종이 섞여 있거나 바로 근처에 콩과 식물이 있는 것만으로도 해충 방제가 잘되었다.

이런 사례에서 특화는 식물과 미생물 간의 진화적 군비 경쟁과 같다. 둘의 결합이 매우 긴밀하여, 감염을 위해서는 반드시 이 둘의 조합이 있어야 한다. 다시 말해, 병원균에 특화된 식물일수록 희석 효과가 더 크다. 여기서는 혼합 재배가 가장 큰 효과를 발휘한다. '완벽한 혼합' 속에서 자라는 농작물은 감염이 줄고, 그 결과 수확량이 늘어난다. 캔자스 연구 결과는 지금까지의 단일 재배 방식이 결코 최적이 아님을 명확히 보여준다.

혼합 재배는 이론적으로 수천 년 전부터 이미 존재했다. 라틴아메리카의 마야인들이 기록으로 남긴 옥수수, 콩, 호박 '세 자매' 재배가 그 증거다. 그러나 단일 재배를 해야 기계 수확이 쉬우므로, 현대 농업은 혼합 재배를 거의 하지 않는다. 또한, 연구자들 스스로 비판적으로 보고서에 언급했듯이, 실험 현장의 토양생물은 일반 경작지와 일치하지 않는다. 그리고 지구온난화와 강수량 및 거름의 변화 때문에 토양의 자연적 균형이 병원균에 유리하게 기울어져 혼합 재배의 이점이 훼손되었을 수도 있다고 인정했다. 그렇더라도 이런 등대 프로젝트는 과학의 가시적 효과에 중요하다. 과학은 허용만 된다면 실제로 뭔가를 바꿀 수 있다.

이 실험은 아마추어 정원사들이 꽃밭이나 텃밭을 설계할 때 참고할 만한 구체적인 정보도 제공한다. 다채롭고 건강한 채소를 풍성하게 수확하고 싶다면, 혼합 재배의 원리를 잘 알아야 한다. 호박, 토마토, 감자의 기원을 식물학 차원에서 살펴볼 필요가 있다. 토마토와 감자는 둘 다 가짓과에 속하므로 비슷한 질병에 걸릴 가능성이 있음을 금방 알 수 있다. 따라서 토마토와 감자 사이에 호박을 심어 공간적으로 분리하는 것이 좋을 것이다. 그리고 다른 과에 속하는 식물을 더 많이 섞을수록 혼합 재배 효과는 더욱 좋아진다. 당근(미나리과), 비트(비름과), 단백질이 풍부한 병아리콩(꼬투리과)은 어떨까? 이런 혼합은 넓은 농장보다 텃밭에서 더 쉽게 구현될 수 있고, 우리는 시간도 많다. 그뿐이랴. 겨울에 연필과 종이를 들고, 다가오는 봄을 위해 작은 실험용 텃밭을 디자인하는 것도 굉장히 재밌을 것이다.

식물 혼합은, 상투적인 표현을 써서 미안하지만, 가장 핫한 일이다. 그렇지 않다면 야생식물이 자발적으로 서로 섞여 살지 않았을 것이다. 야생식물은 스스로 씨를 뿌리고, 겨울에 누군가에 의해 세워진 계획에 따라 자라는 것이 아니므로, 혼합 재배가 아니라 식물 군집이라고 부른다. 이런 야생식물 군집을 연구하는 흥미로운 분야가 식물사회학인데, 이것은 또한 식물지리학이기도 하다. 간단히 말해, 식물 군집을 관찰하여 모든 종을 표에 기록한 다음, 풀 친구들의 반복 패턴을 발견하여 그 풀들에게 기발한 이름을◎ 붙이고 기뻐하는 분야다. 하지만 식물 군집은 기쁨 외에도 훨씬 더 가치 있는 것을 우리에게 준다. 우리는 식물 군집을 통해, 그것이 발견된 장소와 그곳의 생태계 정보를 놀라울 정도로 많이 얻을 수 있다.

소위 지표식물은 종종 함께 자라면서 뿌리 왕국의 정보를 우

리가 볼 수 있는 지상으로 전달한다. 예를 들어, 야생 블루베리와 고사리, 침엽수가 함께 자란다면, 그곳의 토양은 매우 산성일 것이라 추정할 수 있다. 이와 대조적으로 유로시베리아 낙엽수림의 참나무와 너도밤나무는 양분이 부족한 토양을 나타낸다. 메꽃, 쐐기풀, 민들레가 자라는 토양에는 질소가 많다. 나라면 이런 혼합에 '거름 천국'이라는 이름을 붙였을 것이다. 식물 군집은 이런 식으로 예를 들어 식용 버섯을 어디에서 찾을 수 있는지 슬쩍 알려준다. 숲의 식물 군집과 그들의 속삭임에 대해 더 알고 싶다면, 유튜브 채널 'Buschfunkistan'을 추천한다.[4]

농장에서도 식물들이 우리에게 말을 건다. 하지만 우리는 식물의 잎이 전하는 그들의 소망을 오랫동안 읽어내지 못했다. 아직 과학이 충분히 발전하지 못했기 때문이다. 하지만 오늘날 우리는 식물 군집의 이점을 경작지에 활용할 수 있는 도구와 혁신적 기술을 가지고 있다. 농장은 인간에 의해 인위적으로 만들어졌지만, 식물들은 여전히 그들의 유명한 의사소통 방식으로 우리에게 기분을 전달한다. 〈뉴욕 타임스〉에 실린 마이클 폴란의 식물 지능에 관한 훌륭한 기사에도 (3장 참조) 언급된 바 있는 생태학자 잭 슐츠(Jack Schultz)는 농장의 소리를 들을 수 있는 기계식 청진기를 최초로 설계하고자 했다. 그는 그것을 '기계코'라고 불렀지만, 청진기코라고 불러도 아주 잘 맞는 것 같다. 이 기기의 목표는 재배식물에서 배출되는 화학물질의 '냄새를 맡고' 식물의 분자 언어에 관한 오늘날의 지식을 바탕으로 정확한 진단을 내리는 것이었다.

207

오늘날 이런 아이디어들이 정밀 농업 개발에서 실현되고 있다. 기술의 도움으로 식물은 밭 전체를 획일화하는 방식에서 벗어나 장소의 필요와 특성에 맞게 개별적으로 이른바 일대일 관리를 받을 수 있게 되었다. 이미 수십 년 전에 바퀴 궤적 자동 추적이나 GPS 제어 같은 최신 기술을 장착한 트랙터와 농기계가 지금까지 농업 디지털화의 실험 쥐 구실을 하고 있다. 그 과정에서 최소 침습적 토양 탐지기, 정밀 타격 거름 분무기가 달린 로봇, 잡초의 싹을 매의 눈으로 찾아내는 드론 등 몇몇 유망한 방법들이 등장했다. 이 모든 것을 우리는 이미 갖고 있다. 하지만 이런 발명품들은 농업박람회나 스타트업 피치덱에만 머물며 마침내 활용되기를 기다리는 경우가 많다. 이제 공은 정치인들에게 넘어갔다. 그들은 적절한 재정 지원과 관료주의 축소를 통해 식량 생산을 위한 디지털 솔루션의 창의적 활용을 촉진할 수 있으리라.

하지만 내가 진짜 말하고 싶은 것은 이런 발명품들이 언젠가는 생산성을 중시하는 농업에서도 혼합 재배의 이점을 활용하도록 도울 수 있다는 사실이다. 솔직히 과거에는 선택의 폭이 너무 제한적이었기 때문에 모든 밭을 거대한 체스판으로 만들었고, 괴물 같은 기계가 한 번만 지나가면 모든 것이 끝났다. 이제 우리는 이런 과도한 대규모 농업과 화학적 식물 보호와 다양성 부족이라는 트리오가 초래한 전 지구적 결과의 부정적 측면을 목도하고 있다. 자연을 세밀히 관찰하는 동시에 농업이 자연의 독창성을 모방하도록 돕는 현대 기술이 그 어느 때보다도 필요하다. 종이 풍부한 농업 시스템에서는 다양한 장소에 적응한 농작물로 구성된 작은 모자이크 밭이 만들어지고, 디지털 기술이 이것을 모니터링하고 마지막에 수확도 할 것이다. 현대 기술을 활용하면, 우리는 획일화 소용돌이에서 벗어나고 지속 불가능한 기획에서 해방될 수 있다. 진보가 반드시 '점점 더 많이, 점점 더 크게'일 필요는 없다. *진보는 작고 스마트할 수도 있다.*

진정한 다양성 속에 살며 그 혜택을 누리려면 용기와 창의성이 필요하다. 재배식물뿐 아니라 인간도 마찬가지다. 우리도 외부 세계에서 고립되거나, 다른 생각을 가진 사람들에게 배제되는 동시에 한 사회에서 돌출될 때 불이익을 당한다.

우리는 글자 그대로 혼합 문화 속에 산다. 그런 문화를 우리 스스로 해체한다면 얼마나 어리석은 일이겠는가! 우리는 사회를 획일화하면서 그 옛날 농업을 산업화하면서 저질렀던 것과 거의 비슷하게 극적인 실수를 저지르고 있다. 이런 획일화 과정에서 우리가 점점 잃고 있는 사회 필수 분야의 매우 중요한 노동자들은 캔자스 농장의 혼합 작물처럼 우리 문화에 회복탄력성을 제공한다.

감자 얘기를 잠깐 해보자. 안데스산맥에 가본 적이 있는가? 나는 볼리비아의 수도 라파스(La Paz)에서 보았던 노점상들을 잊을 수가 없다. 그들은 내가 처음 보는 온갖 수백 가지 채소와 과일을 팔았다. 경적을 울리는 미니버스들 사이에서 길게 땋은 머리에 둥근 모자를 쓴 한 장사꾼이 내게 설명하기를, 그 많은 다채로운 상품이 모두 감자라고 했다. 실제로 이 유명한 알뿌리의 원래 분포 지역은 베네수엘라에서 칠레 남부까지이고, 그 지역에만 수천 품종이 있다. 남미의 감자 품종 다수는 고유종으로 안데스 고원에서만 자랄 수 있다. 안데스 고원의 기후 조건과 밤낮 주기에 적응했기 때문이다. 어쨌든 나는 짙은 보라색, 밝은 빨간색, 눈처럼 새하얀 색 등 다채로운 색상에 모양도 가지가지인 감자들에 적잖이 놀랐다. 어떤 것은 작은 소시지처럼 생겼고, 어떤 것은 가시처럼 뾰족한 '눈'을 가졌고, 또 어떤 것은 위장 크림을 바른 듯 껍질이 얼룩덜룩했다.

길을 따라 조금 더 올라가면, 감자 요리가 펼쳐진다. 다양한 감자들이 이른바 지역 특유의 레시피와 만난다. 일요일에 먹는 땅콩 수프 '소파 데 마니', 영양 만점 '사이타 데 폴로', 라파스 요리의 심장이라 불리는 먹음직스러운 '플라토 파세뇨' 등등. 이때 어떤 요리에 어떤 감자를 써야 하는지가 명확히 정해져 있다. 정말이다! 이곳의 요리 기술은 독일의 간단해 보이는 "아삭아삭하게 또는 포슬포슬하게" 익히는 것과는 차원이 다르다. 이곳의 감자는 튀기고, 굽고, 삶고, 찌는 등 다채로운 방식으로 요리되었고, 요리 방법에 따라 해발 3,800미터의 분주한 시장에는 각기 다른 향이 퍼졌다. 보라색에 생강을 닮은 품종은 아주 오랫동안 익혀도 여전히 아삭아삭했지만, 그 풍미는 마치 견과류처럼 놀라울 정도로 고소했다. 어떤 감자는 글자 그대로 입에서 녹았고 초콜릿 맛이 살짝 가미된 당근을 연상시켰다. 양념은 거의 없었고, 아마도 매운맛을 위해 고추 약간과 굵은 천일염을 조금 첨가한 것 같았다.

이런 압도적 다양성 덕분에 나는 감자를 좋아하게 되었다. 이 일이 있은 후로, 안데스산맥 시장의 터줏대감 채소였던 감자가 독일을 대표하는 채소로 변모하는 과정을 나는 식물과 식물 재배자 사이의 복잡한 관계를 보여주는 상징으로 여기게 되었다. 우리도 마트의 채소 코너를 더욱 다양화해야 한다.

그러나 우리는 또한 식물 다양성이 언제나 시간적, 공간적 맥락에 있는 인간 문화를 표현해준다는 사실을 인정해야 한다. 이를테면, 남미 품종은 독일에서 잘 자라지 않는다. 이는 남미 품종이 독일의 개량된 품종보다 '나쁘다'는 뜻이 아니라, 자신의 서식지에 잘 적응했다는 것을 의미한다. 남미의 소규모 농부들은 품종 다양성을 자동으로 다음 세대에 물려준다. 이는 우리의 농업이 전통 계승과 고유성 보존으로 회귀하면, 모든 문제가 해결된다는 뜻이 아니다. 무엇보다 독일의 시장은 소비자 수요에 맞춰져 있다. 전형적인 독일 요리를 만들려면 뚱뚱한 노란 감자가 필요하고, 커다란 M자를 로고로 쓰는 거대 패스트푸드 체인점의 감자튀김을 만들려면 특별히 개량하여 재배한 길쭉한 하얀 감자가 필요하다.

이 모든 것이 단순히 '저기 높은 자리에 앉은 사람들'의 잘못만은 아니다. 산업은 소비자의 요구에 부응한다. 물론 우리는 다채로운 다양성을 원하고, 그것을 이해했고, 준비도 되어 있다. 그런데도 우리는 소위 생태학을 잘 아는 똑똑한 사람이라는 거품 속에 갇혀 있다. 적어도 이것만큼은 인정해야 한다. 그리고 현대의 모든 문제에 대처하는 방법으로 뒷걸음질, 즉 역현대화◉밖에 모른다면, 과연 우리가 정말로 많은 것을 이해했는지 스스로 의심해봐야 할 것이다. 우리는 미지의 것에 대한 두려움 때문에 뒤로 돌아가는 길이 더 타당하다고 생각하는 경우가 많다. 하지만 지역 상점의 다양한 제품 중에서 고르거나 아주 저렴하게 사는 일은 대다수 사람에게 이제 더는 현실이 아니다. 우리는 오래전에 자급자족 농업을 버렸고, 다소 자의적 해석일 수 있겠지만, 이런 조치를 통해 우리는 빈곤과 굶주림에서 벗어날 수 있었다. 이제 우리는 자립성을 강화하고 모든 분야에서 다양성을 높이고자 한다. 하지만 '독일 감자'는 '카우치 포테이토'('카우치'에 누워 텔레비전을 보며 '포테이토칩'을 먹는 행위를 줄여 말하는 속어—옮긴이 주)로 전락했고, 정치인들은 높이 솟은 감자탑 뒤에 몸을 숨겨 감자 농가가 겪는 엄청난 사회적 압력을 알아차리지 못한다.

생태학적 원칙을 식품 산업에 확장하는 것은 바람직해 보인다. 그러나 강제적 회귀는 모두에게 해로울 것이고, 대다수가 부담을 느낄 만큼 식품 가격이 상승할 것이다. 비유적으로 표현하여, 우리는 삶의 모든 영역에서 감자의 다양성을 확보하되, 집단적 자연 회귀 외에 다른 방법을 찾아야 한다. 우리는 앞에서 말했듯이 원래 독일에 없었던 감자를 시장에서 판매하는, 허구의 자연 상태로 돌아갈 수 없다. 그 대신 우리의 경작 실태를 조사하고 그것을 생물 세계의 일부로 이해하려는 노력은 할 수 있다. 그러면 우리가 잘할 수 있는 일부터 시작할 수 있다. 예를 들어, 환경을 확실히 보호하면서도 경제를

◎　나는 이 단어를 들으면 이상하게도 〈반지의 제왕〉에 나오는 말하는 나무가 울퉁불퉁한 손에 휴대전화를 들고 있는 장면이 연상된다.

발전시킬 수 있는 방법을 다각화할 수 있다.

이에 따라 이 장의 시작 부분에서 다뤘던 세 가지 차원의 생물 다양성 외에, 이 다양성 트리오가 농업 생산에도 중요해지는 또 다른 차원의 평행우주, 즉 재배 측면이 추가된다.

우리가 식량 생산을 위해 자연으로부터 땅을 빼앗았으므로 '여러 차원의 생물 다양성' 개념을 농경지에도 적용해야 하는 것이 당연해 보인다. 유전적 다양성은 품종의 선택 범위에 반영되고, 이를 통해 우리는 적응력과 저항력을 확보할 수 있다. 재배식물의 다양성은 기술적 도전을 요구하는 별개의 주제이지만, 새로운 맛과 요리를 열린 자세로 받아들이도록 요구하므로 여기에는 사회문화적 차원도 있다. 농법의 다양성이 여기에 동반된다. 우리가 다양성을 해결의 열쇠로 본다면, 다시 말해 다양성이야말로 우리가 오랫동안 무시해온 식물의 강점임을 인정하면, 우리는 완전히 새로운 재배 방법을 개발하고 의외의 장소를 활용할 수 있다. 미래에는 숲밭(혼농임업) 또는 채소 담벼락(수직농업) 형태의 농법이 해안 근처나 대도시 한복판에서 탄생할 수도 있다.

과학은 염생식물과 발효를 연구하고, 혼농임업과 수직농업을 실험하여 우리에게 필요한 지식을 제공한다. 식물과 인간의 공진화는 현대 농업의 확장으로 끝나지 않는다. 오히려 시작에 불과하다. 우리는 이제 막 식물을 이해하기 시작했기 때문이다.

우리는 혼합 재배에서 식물 군집의 강점과 회복력을 확인할 수 있다. 경작지(또는 베란다 텃밭)의 생태계에 관해 우리는 무엇을 더 배울 수 있을까? 우선, 숲을 산책할 때 눈을 크게 뜨고 자연의 생존 보장 원리를 예민하게 감지하라. 몇 가지 예가 필요한가? 좋다. 여기 세 가지 관찰 내용이 있다. 첫째, 숲의 바닥은 결코 그냥 흙바닥이 아니다. 여기에는 뭔가 이로운 것이 반드시 있다. 둘째, 침엽수는 산성 토양을 좋아하고, 심지어 낙엽과 뿌리의 화학작용을 통해 토양을 산성화한다. 셋째, 숲은 한여름에도 마치 에어컨이 잘 조절된 것처럼 늘 기분 좋게 시원하다. 이런 간단한 관찰을 통해 우리는 '농장 생태계'에 도움이 되는 깨달음을 (항상은 아니지만 가끔) 얻을 수 있다.

첫째, 흙 위에 뭔가를 덮으면, 흙이 건조해지지 않고, 토양생물에게 다양한 식량을 공급할 수 있고, 뿌리의 통풍이 잘되고, 침식이 방지된다. 이 원리는 농장에서 멀칭, 윤작, 캐치작물(두 가지 주요 작물을 연속해서 재배할 때, 중간에 재배하는 성장기가 짧은 작물—옮긴이 주) 및 덮개작물의 파종 형태로 적용된다.

둘째, 식물은 양분, 빛, 산성도 등 주어진 조건을 참고하여 최적의 장소를 선택하고, 이런 조건을 조절하여 생태계를 유지한다. 이것은 채소 및 곡물 재배 맥락에서 다음과 같이 해석된다. 식물에게 경작지를 강요하지 말고 기획된 작은 장소에 가장 적합한 작물을 찾아내는 것이 현명할 것이다. 가장 편히 잘 자랄 수 있는 바로 그곳에 작물을 심는 것이다. 예를 들어, 스폿농업[5]이 이렇게 한다. 토양 분석과 디지털 기술을 이용하여 밭을 단조로운 직사각형이 아니라, 작물 적합도(예를 들어 취약함, 보통, 강함)에 따라 미세하게 구역을 나눈다. 그래서 경작지의 모자이크가 더 작게 나뉘고 전체적으로 더 다양해진다.

셋째, 숲의 식물들이 정말로 에어컨 구실을 한다! 이는 지구온난화 속 재배에만 중대한 것이 아니라 회복력도 높인다. 그래서 이미 수십 년 전부터 재생 농업 분야가 이것을 연구하고 실현한다.

펠릭스 리켄(Felix Riecken)은 슐레스비히홀슈타인(Schleswig-Holstein)에 있는 가족 농장에서 수년에 걸쳐 다양한 혼농임업 시스템을 구축했다. 최근에 그는 농업의 미래를 토론하는 자리에서 내 옆에 앉았었고, 2018년 가뭄 때 겪은 깨달음의 순간에 대해 얘기해주었다. 2018년은 6개월 동안 하늘에서 물 한 방울도 떨어지지 않았던 충격적인 해였다. 8월에 벌써 소 사료가 부족하여, 겨울을 위해 비축해두었던 사료를 꺼내 써야 했다. 소 열두 마리가 도축장으로 팔려나갈 수밖에 없었고, 한 마리는 목초지에서 열사병으로 죽었다.

유기농으로 전환한 지 얼마 안 된 터라, 이런 재앙의 한 해는 세차게 따귀를 맞은 것과 같았다. 이 젊은 농부(지금은 스스로 생태계 농부라고 부른다)는 기후변화가 주로 농부들에게 피해를 준다는 것을 깨달았다. 그가 보기에 가장 큰 문제는 불안정한 물 공급이었다. 펠릭스는 나무와 농작물(또는 가축)의 혼합을 미래 지향적 해결책으로 본다. 혼농임업의 엄청난 강점 중 하나가 바로 효율적인 물 공급이기 때문이다.

이것은 독일과[6] 스위스에서[7] 진행된 시범 프로젝트에서 이미 확인된 사실이다. 나무는 바람의 속도를 늦추는 한편, 적어도 부분적으로나마 경작지에 그늘을 만들어 토양에 수분이 더 오래 머물도록 한다. 성장 속도가 빠른 버드나무는 물론이고, 야생 배나무와 개암나무, 루브라참나무 같은 나무들은 혼농임업에서 건조 현상을 줄이고, 토양을 비옥하게 하고, 바람에 의한 침식을 줄이고, 대다수 농작물에 이로운 냉각 효과를 제공한다. 숲밭, 즉 혼농임업은 아름다운 풍경을 만들 뿐 아니라, 나무에서 얻은 목재를 장작이나 친환경 건축자재로도 쓸 수 있다. 혼농임업은 헥타르당 생산성도 전반적으로 매우 높다. 병원균 희석 효과를 아직 기억하고 있는가? 그것도 확실히 한몫을 한다. 또한, 농작물과 나무가 혼합된 공간에서는 다양한 차원에서 더 효과적인 광합성이 일어난다. 그뿐만 아니라 더 다양한 서식지를 제공하여 풍부한 생태계 서비스를 제공한다. 그런데도 독일의 혼농임업은 아직 이렇다 할 공식 지원을 받지 못하고 있어, 농부들은 밭에 나무 심기를 주저하고 있다. 이를 바꾸기 위해서는 펠릭스 리켄과 같은 연구자 및 용감한 선구자의 모범 프로젝트가 더 많은 관심을 받아야 한다. 그러면 명확히 지속 가능한 농법이 언젠가는 마침내 정책 결정권자들의 감자탑 꼭대기에도 도달할 것이다.

2018년의 가뭄과 비교하면 2024년은 '진흙의 해'에 가까웠다. 농부들은 먹구름에 덮이지 않은 틈새, 진흙에 빠지는 일 없이 빠르게 이동하며 씨를 뿌리거나 수확할 수 있는 땅을 필사적으로 찾았다. 민기지 않을 정도로 날씨가 예측 불가였다. 바로 이런 때에 혼농임업은 귀중한 토양이 떠내려가지 않게 돕는다. 그렇다, 실제로 토양이 떠내려갈 수 있다. 또한, 혼농입업은 더위와 폭우를 어느 정도 완충할 수 있다. 하지만 그것만으로는 기후변화에 대처할 수 없다. 모든 훌륭한 슈퍼 히어로 이야기와 마찬가지로, 최종 빌런을 물리치려면 다양한 초능력이 필요하다. 다만, 여기서 어벤져스는 아이언맨, 토르, 헐크가 아니라 스못농업, 혼농임업, 유전자 편집이다.

이런 기술 중 어느 것도 모든 문제를 해결할 수는 없다. 혹여 그렇게 주장하는 사람을 만난다면, 비판적으로 이의를 제기해도 좋다. 원래 독일 채소가 아니지만 가장 독일적인 채소인 감자와 여타 모든 농작물 그리고 마지막 남은 자연 생태계를 구하기 위해 모두가 힘을 합쳐야 한다. 누구의 아이디어가 최고인지 서로 경쟁하듯 겨뤄봐야 소용없다. 농법의 다양성에서 영감을 얻고, 우리의 에너지와 지력을 분열이 아니라 통합을 위해 사용하자. 재생 농업의 토양 관리, 재래식 농법의 생산성, 베란다 텃밭의 물 공급, 혼합 재배, 수경 재배 및 사막 식물, 온실 재배, 습지 농업 및 수직 농업에서 모범을 찾자. 지속 가능한 집약화는 농지 이외의 서식지를 보존하는 데 기여하고, 광대한 초원은 이런 서식지를 손쉽게 초원의 일부로 통합한다. 그리고 농법의 다양성에는 가장 좋은 의미의 통합이 요구된다. 부디 정신 차리자. 이것은 우리의 생계가 달린 문제다!

누구의 아이디어가 가장 획기적인지 겨루기를 그만 멈추자. 현실의 땅으로 돌아와보면, 지금도 약 일곱 명 중 한 명이 기본적인 식

217

량권도 보장받지 못한 채 살고 있다. 그런데 생산된 식량의 약 3분의 1이 쓰레기로 버려진다. 독일의 경우 2021년에 약 1,100만 톤이 버려졌다.[8] 어떤 품종 개량도 혼농임업도, 보관을 제대로 못해서 또는 보기 안 좋다는 이유로 엄청난 양이 음식물 쓰레기로 버려지는 것을 막지 못한다. 그리고 불편한 진실이 하나 더 있는데, 개인적인 예민함과 소비 습관 그리고 유통기한에 대한 공포심이 너무나 자주 우리를 음식물 쓰레기 투기 공범으로 만든다. 독일의 경우 음식물 낭비의 60퍼센트는 가정에서 발생한다. 생산자(2퍼센트)도, 소매상(7퍼센트)도, 심지어 식당이나 외식업체(17퍼센트)도 아니다. 귀중한 식량에서 나온 음식물 쓰레기의 60퍼센트는 우리 책임이다.

우리 인간은 식물들과 함께 이 지구를 구성하고 살기 위해 먼 길을 전진해왔다. 우리가 단 하루에 이렇게 많은 귀중한 식물성 식량을 쓰레기로 만든다면, 이 얼마나 어리석은 후퇴란 말인가! 음식물 낭비와의 전쟁에서도 우리는 다시 한번 대안 농업으로부터 영감을 얻을 수 있다. 다만 이번에는 미래가 아닌 지금 여기에 있는 생소한 음식 문화가 중요한 역할을 한다. 그리고 우리는 다시 한번 '생소함'을 두려워하지 않는 연습을 한다. 통합을 위협으로 보지 않고, 혼합을 정체성 상실이 아니라 오히려 풍요로움으로 보는 연습을 한다. 우리가 이런 마음 자세를 강화한다면, 오랫동안 미뤄왔던 소비 태도의 변화를 마침내 시작하게 될 것이다.

새콤한 맛과 달콤한 꿈

음식은 취향의 문제다. 동물마다 식성이 다르다고 알려져 있지만, 맛 신호를 처리하는 방식은 놀라울 정도로 유사하다. 우리가 여기서 지속 가능한 식품 생산 및 보존의 한 형태인 발효에 관해 잠시 다루려면, 약간의 맥락을 아는 것이 도움이 될 것 같다. 발효된 음식은 어째서 맛있으면서도 살짝 낯설까? 우선, 산은 4장에서 다룬 전달 물질로 분류될 수 있다. 식물(사실은 모든 생물)은 끊임없이 화학 신호를 보내 우리에게 무언가를 알려준다. 이런 신호에 반응하느냐 마느냐에 따라 우리는 식물과 가까이 또는 멀리하며 함께 성장하고, 분자 수준에서 정교하게 조정된 의사소통을 기반으로 공통의 언어를 발전시킨다. 아니면, 그냥 맛있다고 또는 역하다고 느낀다.

하지만 '신맛'의 역사는 그렇게 단순하지 않은 것 같다. 최신 연구에 따르면, 진화적 적응의 결과로 특정 미뢰가 사라진 척추동물이 더러 있다. 예를 들어, 고양이는 고기를 주로 먹기 때문에 단맛을 느끼는 능력을 잃었다. 판다는 완전 채식주의자가 되어 더는 감칠맛◎을 느끼지 못한다. 쓴맛은 일반적으로 잠재된 독성을 경고하기 때문에, 쓴맛 감각은 널리 퍼져 있다. 하지만 여기에도 예외는 있다. 신맛

◎　감칠맛은 신맛, 짠맛, 쓴맛, 단맛 이외에 혀의 수용체가 느끼는 다섯 번째 맛이다. 감칠맛을 감지하는 감각은 단백질이 풍부한 음식을 찾는 데 도움이 된다.

감각은 다르다.

미국의 연구자들은 유전적 가계도를 조사했고, 예외 없이 모든 척추동물의 혀가 신맛을 감지한다는 것을 발견했다. 신맛 미뢰가 보존된 데는 분명 이유가 있을 것이다.[9] 우선, 그토록 널리 보존된 보편적 입맛에는 공통분모가 있을 거라 가정할 수 있다. 즉, 모든 척추동물의 공통 조상이 원시 수프에서 주변 환경의 산성도를 감지하는 능력을 이미 발달시켰을 수 있다. 가장 큰 의문은 그들에게 이런 감각이 왜 필요했냐는 것이다. 연구자들은 이에 대한 이론도 제시했다. 물고기와 다른 수생동물은 주변 환경의 화학적 구성에 특히 취약하다. 산소와 이산화탄소 모두 물에 용해되어 있고, 수생생물은 아가미와 기타 여과 시스템을 이용해 특히 산소를 얻는다. 그러나 잘 섞이지 않았거나 미생물 활동이 활발하지 않아 물속의 산소와 이산화탄소 균형이 깨지면, 이것은 목숨이 달린 매우 중요한 정보다. 오늘날의 수생동물뿐 아니라 고양이, 앵무새, 인간의 공통 조상인 원시 물고기에게는 (탄)산을 감지하는 것이 확실히 생존 전략이었다. 유전적 분석에 따르면, 짠맛이나 단맛 같은 다른 맛을 감지하는 능력은 고기나 과일 또는 통조림 식품의 정확한 냄새를 맡는 것이 더 중요해진 후에야 비로소 생겨났을 가능성이 높다(맞다, 통조림 식품은 내가 끼워 넣은 것이다). 고양이가 음식을 찾을 때, 감각적 자극뿐 아니라 소리와 행동도 이용하는 것 같지 않은가? 아무튼 일부 부뚜막 호랑이들은 깊은 잠에 빠져 있다가도 캔 따는 소리에 얼른 깬다.

우리 인간들 사이에서 현재 새콤한 음식이 인기를 끌고 있는 현상은 더욱 흥미롭다. 우리의 먼 친척들(새, 햄스터, 여우원숭이 등) 대부분은 여전히 신맛을 피하지만, 특히 대형 유인원(사람, 고릴라, 침팬지, 오랑우탄 등)들은 신맛이 원래 아주 환상적인 맛이라는 데에 동의한다. 추측하기로, 대형 유인원은 좋은 신맛과 나쁜 신맛, 다시 말해 '발효된 것'과 '상한 것'을 구별하는 법을 배웠을 것이다. 특히 죽은 짐승이나 바닥에 떨어진 과일을 찾기 위해 지면을 수색할 때, 이 지식은 매우 유용하다. 잘 익은 과일이든 죽은 짐승이든, 먹을 수 있는 무언가가 땅에 떨어지면, 대규모 미생물 집단 셋, 즉 단세포 효모, 실 모양의 곰팡이, 유산균이 부패 교향곡의 지휘자 자리를 두고 경쟁한다. 효모는 유기물질을 알코올로 전환하는 경향이 있지만, 독소를 지닌 실 모양의 곰팡이가 핀 음식은 모두가 알다시피 먹으면 위험하다.

자, 이제부터가 진짜다. 효모와 박테리아에 점령된 부패한 과일은 요리의 관점에서 종종 매우 소중하다! 분해로 인해 칼로리, 유리 아미노산, 비타민의 이용 가능성이 커지고, 섬유질과 독소조차도 단일 조각으로 깔끔하게 분리되어 소화하기가 훨씬 더 쉬워진다. 유산균은 그 이름에서 알 수 있듯이 모든 것을 젖산으로 산성화하여 해로운 미생물의 성장을 억제한다. 그러므로 신맛을 좋아하는 동물이 진화에서 결정적 이점을 가졌다고 보는 것이 타당하다. 말하자면 이들은 자연의 통조림을 찾아내 식단을 풍성하게 하는 능력이 있었다. 새콤한 음식에 대한 또 다른 설득력 있는 주장은 비타민 C다. 원숭이와 인간은 이미 공통 조상으로부터 비타민 자체 생산 능력을 물려받았다. 그러니 음식에서 비타민 C의 맛을 감지해낼 수 있다면 확실히 이

점이 될 것이다(비타민 C는 오로지 '신맛'만 나는 아스코르브산이다).

고릴라, 침팬지, 인간의 마지막 공통 조상의 식단에서도 발효된 과일이 중요한 자리를 차지했다는 증거가 있다. 초기 인류의 식성은 특히 풍성한 먹거리와 더불어 편안한 잡식성 생활을 보장했다. 인류의 신맛 식성 덕분에 의식적이고 의도적으로 통제된 발효가 가능해졌다.[10] 다시 말해, 우리는 인류사 초기부터 신맛을 위협으로 여기지 않고 오히려 기회로 여겼으며, 곧 음식을 준비하고 보존하는 영리한 방법으로 발효를 활용했다.

그러므로 핫한 레스토랑에서 제공되는 김치와 취두부는 결코 새로운 낯선 음식이 아니다. 오늘날 과학적으로 인정되듯이, 발효는 인간의 진화, 자연과의 상호작용, 생물학적 특성에 상당한 영향을 미쳤다. 통제된 발효는 산업화 과정에서 등장한 냉동, 저온살균, 초고온 처리 같은 다른 보존 방법으로 인해 살짝 뒷전으로 밀려났다. 하지만 발효는 언제 어디서나 우리를 둘러싸고 있다. 요구르트와 맥주, 치즈와 와인, 사워크라우트(양배추 초절임), 간장, 식초와 빵은 잘 알려진 발효식품이다. 이런 음식에서 우리는 작디작은 단세포 생물에게 기꺼이 분해를 맡기고 애용하는 법을 배웠다.

식물이 양분을 자급자족하고 서식지에 적합한 조건을 갖추고 다양성을 유지하기 위해 토양 박테리아와 협력하는 것처럼, 우리 인간도 발효에서 생물학적 협동 정신을 되살릴 수 있다. 발효를 통해 음식은 소화하기 쉬워지므로 장 건강에도 좋다. 발효는 마치 자상한 엄마 원숭이처럼 음식을 미리 잘게 씹어주는 것과 같아서 우리는 정말로 모든 좋은 다채로운 영양소를 흡수할 수 있다. 뿌리가 거름이 풍부한 살아 있는 토양을 좋아하듯이, 장내 미생물은 유산균의 사전 작업을 좋아한다.

어차피 잘못 붙여 잘 어울리지 않는 '생소함'이라는 라벨을 발효 식품에서 떼어내자. 그리고 톡 쏘는 새콤한 맛을 긍정하는 새로운 관점을 확립하자. 지속 가능한 식량 생산을 위해서도, 에너지가 덜 드는 보존 방법을 위해서도 우리는 발효가 필요하다. 그러므로 발효는 심각한 지정학적 문제를 완화하기 위한, 오래되었지만 또한 매우 현대적인 핵심 기술이다. 우리의 전진을 가끔은 망원경이 아니라 현미경으로 관찰한다면, 다양한 미생물의 미지의 능력이 우리의 식량 체계를 바꾸는 데 틀림없이 중요한 역할을 할 것이다. 생물학자 마르틴 라이히(Martin Reich)가 그의 훌륭한 책 《미시 세계로부터의 혁명(Revolution aus dem Mikrokosmos)》에서 쓴 것처럼, "혁명을 찾고 있다면, 미시 세계가 완벽한 주소다."[11]

식성은 우리가 '취향'이라고 치부하는 것 그 이상이고 인류의 문화적 다양성에 깊이 뿌리를 두고 있다. 당연히 농작물도 각자 식성이 있다. 어떤 종은 석회질 토양을 선호하고, 어떤 종은 퇴비에서 가장 잘 자라고, 또 어떤 종은 중금속으로 오염된 초원을 생태 보금자리로 삼아 다른 식물과 경쟁할 필요가 거의 없다. 하지만 식물로부터 우리가 배워야 하는 것이 하나 있다. 새로운 것을 시도하고, 새로운 영역을 탐험하고, 모험심을 가지고 변화하는 시대에 대처하는 용기. 우리는 종종 익숙한 것, 어려서부터 알던 것에 집착한다. 우리는 정확한 이유를 제시하지 못한 채 낯설고 새로운 것을 회피하는 경우가 많다. 맥주의 효모는 괜찮다고 생각하면서, 케피어(발효 우유)의 효모는 거북스러워한다. 독일인은 곰팡이로 푸릇푸릇한 치즈를 완전히 평범한 음식으로 여기면서 간장의 누룩곰팡이는 의심스러운 눈으로 본다. 우리는 눈에 보이는 거시 세계에서도 이런 색안경을 쓴다. 공룡 후손의 알◎은 맛있게 먹지만, 곤충버거나 말린 해파리를 보면 이맛살을 찌푸린다. 그다지 논리적이지 못한 태도다. 그러나 음식은 감정의 문제다. 이로써 우리는 짧은 발효 여행을 끝내고 다시 이전의 지점으로 돌아왔다.

이따금 자신의 감정을 탐구하고 의문을 품는 것은 전혀 해롭지 않다. 건강한 자연을 위해, 더 나은 기후를 위해, 생태계의 생물 다양성을 위해, 우리의 습관을 조금 바꾸어 식생활 문화를 다양화할 수는 없을까? 식물은 이런 적응 의지를 발휘해 여러 차례 위기를 이겨낼 수 있었다. 우리가 자연의 일부라는 것을 깨닫는다면, 우리도 언젠가는 삶의 방식을 근본적으로 바꿀 용기를 내게 될 것이다. 그러지 못해 재앙을 맞는다면, 정말 안타까운 일일 것이다.

일단, 맘껏 꿈을 꿔보자. 유전자의 가장 작은 수준에서부터 서식지의 다양성에 이르기까지, 다양한 종자에서부터 보완적이고 생산

적인 식료품 시장에 이르기까지, 모든 차원의 생물 다양성이 지원되는 세상에서는 불가능한 것이 없다. 집 담벼락에서 채소를 키우고, 지하실에서 버섯을 재배하고, 식용 염생식물에 바닷물을 주고, 현대식 발효통에서 건강한 음료를 따른다. 이 발효통에서는 훈련된 미생물이 그동안 아마존에서 운송해와야 했던 물질을 만들어낸다. 이 모든 것이 '자연' 농업을 대체하지는 못한다. 우리는 여전히 경작지에 농작물을 재배한다. 하지만 어딘가 달라진 것 같다. 한 작물이 다른 작물과 손을 잡고, 단일 재배가 물러나고 서로에게 이롭고 관리가 거의 필요치 않은 다채로운 혼합 재배가 그 자리를 차지한다. 밭에 나무들이 자라고, 그곳에 크고 작은 동물들이 산다. 도시와 시골에서 공급하는 좋은 식료품이 서로를 보완하고, 직거래 마케팅으로 유통 경로가 짧게 유지된다. 다양한 윤작과 기후에 적응한 품종 덕분에 농업이 다시 안정을 찾는다. 이것은 정부가 마침내 산업 간의 체계적 관련성을 진지하게 받아들인 덕분에 가능했다. 소비자들은 최근 교육 캠페인과 학교 수업을 통해 음식의 중요성을 깨달아 다소 높아진 비용을 기꺼이 지불한다. 도시에서 채소와 과일을 재배하면 사회적 상호작용이 강화되고, 책임감이 생기며, 도시의 식량 공급에 크게 기여하게 된다. 특히 음식 섭취 관련 연구가 강화되면서, 농업 관련 직업에 대한 젊은이들의 관심이 높아지고, 관련 교육과정 및 대학학과가 그 어느 때보다 큰 인기를 누린다.

야생 자연의 중요성도 역시 바뀌었다. 오랫동안 과소평가되던 식물의 능력이 연구되면서 일종의 신생태학이 탄생했다. 신생태학은

225

과거 시대에 머물지 않고 과학에 기초한 지속 가능성을 실천하고 개발한다. 우리는 지구위험한계선에 미치는 개인의 영향력을 마음 깊이 새겼고, 희생한다는 기분 없이 소비 습관을 바꿨다. 우리는 새롭고 생소한 음식 트렌드에 호기심을 느낀다. 미지의 것을 두려워하지 않고 계속 연구하고 실험한다. 그리고 야생식물 및 재배식물의 다양성을 열린 마음으로 환영하고, 이를 보호하고 지속 가능한 방식으로 이용함으로써 우리의 회복력이 믿을 수 없을 만큼 강해졌다. 어떤 위기나 갈등, 전염병도 우리를 좌절시킬 수 없다. 우리는 항상 옳은 답을 준비해놓았기 때문이다.

이 모든 것은 달콤한 꿈이다. 소망이 담긴 이런 상상은 한편으로 다가올 격변에 당황하지 않도록 우리를 도와주고, 다른 한편으로, 적어도 내게는, 미래에 집중하도록 동기를 부여한다. 실제로 식물과 인간의 공동 진화가 지속되려면, 무엇이 필요한지는 명확하다. 미래를 낙관할 근거는 충분하고, 우리는 훌륭한 파트너십을 십분 발휘하여 앞으로 나아갈 것이다. 오늘날 우리가 가진 지식은 미래 세대의 전통 지식이 된다. 그리고 몇십 년 후에, 물론 옛날이 더 나았다고 생각하지 않을 수도 있지만, 적어도 "그때는 모든 게 꽤 '나이스'했다"라고 말할 수 있도록 노력하자. 미래의 젊은이들이 '나이스'라는 말을 여전히 즐겨 사용할지 알 수는 없지만.

이대로 되려면, 우리는 대화를 해야 한다. 이런 꿈을 잊지 않기 위해, 포퓰리즘과 운명론의 파도로부터 꿈을 지켜내기 위해, 매일 조금씩 꿈을 현실로 만들기 위해, 우리는 더 많이 이야기를 나눠야 한다. 식물의 모범을 따라 우리는 서로에게 다가가기 위해 새로운 의사 소통 방법을 시도해볼 수 있다. 그러려면 효과적이고 과학적인 소통 수단이 필요하다. 공통 언어를 찾아야 모두가 자신의 의견을 말할 수 있기 때문이다. 싱크탱크 차원의 학제 간 협력뿐 아니라, 학문의 벽을 넘어서는 팀워크가 필요하다! 이런 보이지 않는 벽이 교육 수준의 차이, 다양한 이력, 서로 다른 전문 분야와 출신 배경 등의 형태로 너무나 많이 존재하는 것 같다.

그러나 과학이 정말로 사회에 봉사하게 하려면, 국세청에서 보낸 난해한 통지서처럼 보이지 않도록, 제발, 이해하기 쉽게 전달해야 한다. '자연 회복'이나 '지속 가능한 집약화' 또는 '바이오 경제' 같은 추상적 용어가 일상에서 거의 사용되지 않는데, 어떻게 진정한 변화를 기대할 수 있겠나?

과학의 색채를 낮춘다고 해서 자동으로 정확성, 올바름 또는 관련성이 없어지는 건 아니다. 물론, 때로는 주제를 총체적으로 이해하고 스스로 의견을 정립하기 위해 한 가지 주제를 깊이 파고들 필요가 있다. 하지만 그 단계에 들어가려면 먼저 흥미와 호기심이 생겨야 하고 주변의 잡다한 소음이 중단되어야 한다. 과학의 색채를 낮추는 것 역시 급변하는 정보 환경에 적응하는 과정이다. 제한된 주의 집중력을 잘 활용하면, 짧은 헤드라인과 소셜 미디어의 시대에도 과학을 전달할 수 있다. 이때 짧은 제목이나 헤드라인에 모든 정보를 포함시킬 수는 없다. 하지만 솔직히 말해 모든 주제가 다 그렇지 않나? 그보다는 오히려 일시적으로 시야를 좁혀 한곳에 집중시키는 것으로 이해해야 한다. 그리고 이때 과학은 큰 소리로 외치지 않아도 된다. 인간의 원초적인 호기심에 호소하고, 무지의 어둠에 빛을 비추고, 자연에 대한 매혹, 결코 완전히 사라지지 않는 어릴 적 순수한 감탄을 살짝 건드려주기만 해도, 무미건조한 과학 연구를 흥미진진한 블록버스터로 바꿔놓기에 충분하다.

7장 파종

은하계의 정원사들

우리 인간도 식물처럼 공생 관계를 맺고, 경험을 공유하고, 그것을 다음 세대에 전수하는 것이 이로울 것이다. 식물이나 돌에 관심이 있든, 도시 계획이나 중세 역사에 관심이 있든, 정보 기술이나 사회복지 사업에 열중하든 상관없이, 공유한 지식에서 모두가 이익을 얻을 수 있을 것이다. 열정을 공유할 때, 깨우친 다채로운 공동체의 씨앗이 뿌려진다. 표현 방식이 아무리 다르더라도 건설적인 대화는 언제나 생명체를 연결하고 함께 발전하도록 도왔다. 식물과 인간이 공유하는 진화 역사에서도 그러했다.

식물과 인간은 기본적으로 똑같은 실존적 문제에 직면해 있다. 둘 다 음식과 물이 필요하고, 자신을 방어하고 상호작용할 능력이 있어야 하고, 번식하고 죽는다. 이것이 삶이다. 늘 그래왔고 앞으로도 계속 그럴 것이다. 삶의 세찬 물살에서 일부는 적응력을 발휘해 살아남고, 일부는 뒤처진다. 진화의 압력에 비정상적으로 큰 뇌를 형성한 또 다른 일부는 이제 이 모든 것의 의미를 궁금해한다. 어쩌면 우리 인간만이 윤리와 도덕을 기준으로 결정할 수 있고, 진화 과정에서 '익힌' 생물학적 본능을 억제할 수 있으며, 충동적으로 행동하지 않을 수 있는 유일한 생명체일지 모른다. 하지만 이런 능력이 우리를 지적인 존재로 만들까? 이것이 우리에게 진화적 이점을 제공할까? 인간에게만 있는 독특한 특성이라 여기는 소위 '자유의지'가 인간을 다른 들러리 생명체와 구별해줄까? 그것을 근거로 우리는 인간 존엄성을 기본법으로 삼아 귀에 못이 박히게 외치고, 그것에 따라 정치적 결정을 내릴까?

자유로운 삶, 언론의 자유, 표현의 자유는 우리가 힘들게 이룩한 민주주의의 훌륭한 기둥이다. 자유롭게 결정하려면, 올바른 정보에 접근할 수 있어야 한다. 정보권은 '정보 수신의 자유'라는 어려운 말로, 독일 기본법에도 명시되어 있다. 기본법 제5조에 "모든 사람은 일반적으로 접근 가능한 출처에서, 방해받지 않고 정보를 얻을 권리를 가진다"라고 적혀 있다. 이는 독일 역사상 가장 어두웠던, 그리 오래되지 않은 시기에 벌어진 고립의 재등장을 막기 위한 대처였다. 나치당은 '방송 비상조치'를 선포하고 해외 뉴스의 유포를 엄중히 처벌했다. 특정 조건에서는 '방송 위반'으로 사형까지 선고받을 수 있었다. 자유로운 의견 형성의 초석인 정보 접근 권리가 그런 식으로 통제되었다니, 그것은 오늘날 상상조차 할 수 없는 일이다.

하지만 검열이 전혀 없으면, 정보는 숨겨지거나 축소되거나 위조되거나 오용될 수도 있다. 이 지점에서 나는 가짜 뉴스가 순전히 인간의 발명품이라고 적고 싶지만, 글쎄, 우리가 발명하기 훨씬 전부터 이미, 뭐라고 말해야 할까, 누군가 '특허'를 낸 상태였다. 고의적인 거짓말에 속지 않고, 정보의 자유가 정보 위기의 늪에 빠지지 않도록, 허위 정보가 퍼지는 방식 몇 가지를 알아두는 것이 좋겠다. 우선 '기법'과 '도구'를 알면, 고의적인 가짜 뉴스를 간파하는 일은 매우 재밌을 수 있다. 나는 포퓰리즘 정치인과 과대망상에 빠진 지도자들이 통상적으로 사용하는 기법에 일종의 환멸을 느낀다. 열띤 연설자가 이런저런 금지법을 도입해야 하는 근거로 23가지 (가짜) 주장을 아무리 열심히 펼치더라도 내게는 그다지 인상적이지 않다. 더욱 우스꽝스럽고 거의 안타깝게도, 큰 소리로 외치는 사람일수록 그들은 제대로 된 근거나 주장 없이 그저 '그쪽이야말로주의(Whataboutism)'로 일관하며 고의적으로 거짓말을 한다. 내가 이 글을 쓰고 있을 때, 당시 미국 공화당 부통령 후보였던 J. D. 밴스(J. D. Vance)는 CNN 생방송에서 이렇게 말했다.

"이야기를 지어내야만 미국 언론이 비로소 국민의 고통에 실제로 주의를 기울인다면, 나는 기꺼이 이야기를 지어내겠습니다."[1]

이 발언의 맥락은 거의 믿겨지지 않는데, 오하이오주의 한 작은 마을에서 이민자들이 반려동물을 잡아먹는다는 거짓 주장이었다.

사실이든 거짓이든, 정보의 확산은 '식물의 화학'과 유사하다. 모든 생명체는 다른 생명체가 수신할 수 있고, 적응 행동 같은 실질적인 변화를 일으키는 신호를 끊임없이 보낸다. 여기에는 오해도 있고 거짓 정보도 있다. 우리 시대에 필요한 기술은 이제 수많은 정보를 꿰뚫어 보는 것이다. 신호를 오해하거나 심지어 고의적인 조작 때문에 우리의 행동이 다른 생명체에 해를 끼치는 방향으로 바뀐다면, 얼마나 치명적이겠는가. 그러므로 발신 전략을 파악하고, 더 좋게는 이것을 활용하여 모두가 유익한 정보를 얻을 수 있게 해야 한다. 식물의 모범을 계속 따르고자 한다면, 생화학 전달 물질의 대기 방출 외에 또 다른 차원의 정보 확산, 즉 씨앗을 통한 유전정보의 확산에서도 영감을 얻을 수 있다.

들러붙는 정보

식물은 씨앗을 퍼뜨리기 위해 다양한 전략을 개발해왔다. 가장 흔한 방법은 '아네모코리(Anemochorie)'다. 그리스어로 '바람'을 뜻하는 'ánemos'와 '이동하다', '방황하다'를 뜻하는 'chōreín'에서 유래한 말로, 글자 그대로 씨앗이 바람을 타고 이동하는 방법이다. 민들레처럼 각 씨앗에 개별 낙하산이 있을 수도 있고, 피나무처럼 열매가 통째로 날 수도 있다. 도심에서 흔히 볼 수 있는 이 가로수를 잘 관찰해보라. 예쁘게 꽃이 핀 후 얼마 지나지 않아 다소 성가신 열매가 맺힌다. 이 열매는 늦여름에 보도블록에 무수히 떨어져 우리의 발걸음을 끈적끈적하게 만든다. 짜증을 잠시 접어두고 열매를 집어 자세히 살펴보면, 긴 열매 자루 아랫부분 끝에 바람을 타기에 안성맞춤인 커다란 주걱 모양의 잎이 자라나 있다. 이것을 포엽(프로펠러 잎이 더 적절할 것 같다!)이라고 하는데, 이것이 열매를 작은 헬리콥터로 변신시키고, 이 헬리콥터는 풍력을 이용해 새로운 지역으로 이동할 수 있다. 엄마 식물에서 멀리 떨어질수록 햇빛과 양분을 놓고 경쟁할 일이 줄어든다. 아네모코리 식물의 열매와 씨앗은 매우 가볍거나 이런 비행장치가 내장되어 있다. 백자작나무는 심지어 두 가지를 결합했다. 백자작나무의 열매는 길이가 약 3밀리미터에 불과하고 얇은 날개가 달렸다. 이 전략을 쓰는 식물은 종종 씨앗을 많이 생산하는데, 새로운 비옥한 영토에 착륙할 확률을 높이기 위함이다. 따라서 바람을 통한 확산은 거주하기 어려운 지역에서도 잘 살아남는 개척식물에게 주로 인기가 높다. 배수구, 무너진 담벼락 틈, 굴뚝 등에서 작은 나무를 발견했다면, 그것은 바람을 타고 날아와 싹을 틔운 자작나무일 가능성이 크다.

　　학교에서 생물 시간에 식물의 확산◎ 기술을 배울 때, 아네모코리 다음으로 등장하는 용어가 '주코리(Zoochorie)', 즉 동물을 이용한 확산이다. 이것은 다시 동물의 몸 안과 밖으로 나뉘어, 동물의 내장을 이용한 확산(endo-zoochorie)과 동물의 몸에 붙어서 이동하는 확산(epi-zooochorie)으로 세분화된다. 두 가지 모두 동물과 인간이 적극적으로 지원한다. 동물과 인간이 과일을 먹고 소화되지 않은 씨앗을 다른 곳에서 배출할 때마다 자연스럽게 동물의 내장을 이용한 확산이 이루어진다.

이런 방식은 식물 왕국에서 매우 성공적이어서 여러 차원에서 서로 독립적으로 진화했다. 대추나 올리브 같은 일부 씨앗은 동물의 내장에 맞춰 외피를 제작하는 쪽으로 진화했다. 씨앗 껍질의 질감은 종종 나무껍질처럼 질긴데, 이는 잠들어 있는 씨앗을 위산과 소화효소로부터 보호하기 위함이다. 또한, 위액은 종종 발아를 준비하는 데 도움이 된다. 산딸기 같은 일부 식물의 경우, 동물의 내장을 통과하는 것이 발아의 필수 조건이다. 배설 때 식물의 씨앗은 동물의 몸을 관통하는 이상한 여행 후, 글자 그대로 긴 터널 끝에서 빛을 만난다. 햇빛은 성장을 자극하고, 씨앗에 묻어온 배설물은 발아를 위한 비료와 배양토 구실을 한다. 이제 아기 식물이 새로운 영역에서 태양을 향해 자란다. 동물의 내장을 이용하는 확산 방식에서 가장 중요한 동물은 바로 조류다. 열매와 씨앗을 보면, 누가 그것을 찾아내 옮겨줄지 예측할 수 있다.

◎　이 책이 영어로 출판된다면, 나는 아마도 'dissemination'이라는 단어를 가장 즐겨 사용할 것이다. 이 단어는 '확산'뿐 아니라 '전파'와 '파종'으로도 번역될 수 있기 때문이다.

이런 공진화는 때때로 유령처럼 소멸한다. 필요한 동물 택시가 어떤 지역에 더는 오지 않거나 심지어 완전히 멸종될 때 그렇다. 코니 발로우(Connie Barlow)는 《진화의 유령(The Ghosts of Evolution)》에서 주엽나무나 꾸지뽕나무처럼 더러 아주 큰 열매를 땅에 떨어뜨려 썩게 하는 북미 수종에 대해 이야기한다.[2] 이론은 이렇다. 원래 매머드와 거대 나무늘보가 이 거대한 열매를 먹어 이 나무들의 확산과 보존을 보장했다. 그러나 북미의 대형 동물군이 마지막 빙하기(약 1만 4,000년 전) 이후로 멸종되어, 이 나무들은 더는 동물의 내장을 이용해 확산할 수 없게 되었다. 이는 이런 특별한 수종이 소수 몇몇 지역에서 아주 멀리 떨어져 서식하는 이유도 설명해준다.

동물의 내장을 대중교통 수단으로 이용하는 식물과 달리, 어떤 식물은 거의 들키지 않고 동물의 몸에 들러붙는 능력을 이용한다. 몸에 붙어서 이동하는 방식을 선택한 식물들도 창의성을 발휘했다. 그들은 가능한 오랫동안 붙어서 이동할 수 있도록 열매와 씨앗을 디자인했다. 당신은 아마 어렸을 때 장난으로 서로의 티셔츠에 낄낄대며 붙여놓곤 했던 갈퀴덩굴을 기억할 것이다. 이 식물은 작은 침이 박힌 갑옷을 온몸에 두르고 있고, 특히 자그마한 열매에는 끈적끈적한 갈고리 모양의 침이 달려 있다. 이 갈고리침은 찍찍이처럼 잘 붙고, 지나가는 동물의 몸에 씨앗이 쉽게 무임승차하도록 돕는다. 간략한 보충 설명을 붙이자면, 식물사회학에서 갈퀴덩굴은 질소가 풍부한 경계 지대 풀숲의 대표 종으로, 경작지를 좋아하여 가끔 곡물밭에 심각한 문제를 일으킨다. 또 어떤 종은 깃털처럼 가벼운 씨앗을 물에 띄워 물새의 몸에 붙는다. 세계에서 가장 작은 꽃식물이라 불리는 좀개구리밥이 이런 '접착 식물'에 속한다. 크기가 작기 때문에 식물 전체가 물에 떠내려가 다른 수역에 정착한다. 이 방법은 상당히 성공적이다. 그리고 일반적으로 통용되는 '개구리밥'이라는 귀여운 이름을 얻었다.

식물이 다음 세대의 확산을 위해 어떤 방식을 선택하든, 항상 약간의 비용이 든다. 어떤 식물은 작은 우산이나 날개 또는 가시를 만들어야 하고, 어떤 식물은 향기롭고 매력적인 열매를 생산하기 위해 귀중한 에너지를 사용한다. 흔히 그렇듯, 어떤 전략이 가장 성공적이냐는 맥락에 따라 크게 달라진다. 바람과 동물을 이용한 장거리 이동은 오랫동안 새로운 땅을 점령하는 주요 방식으로 여겨졌다. 그러나 포르투갈의 자치구 아소르스 섬의 식물 분포는 이것만으로 설명이 안 된다. 최근 포르투갈 연구팀은 이 군도의 식물 다양성을 연구했고, 여러 종이 특별한 전략 없이 그저 섬 사이의 바다에 씨앗을 '표류'시켜 새로운 땅을 정복한다는 사실을 발견했다.[3] 해류와 지금까지 탐사되지 않은 여타 고속도로들이 생각했던 것보다 훨씬 많이 지구의 식물에 영향을 미쳤을지 모른다.

최신 연구 결과에 따르면, 뿌리 왕국에서 진행되는 식물과 균류의 공생도 중요한 역할을 한다. 식물은 지하의 협력 관계에 따라 한 가지 전략을 선택하는 것 같다. 달리 말하면, 수분 및 씨앗 확산 방식은 균근의 유형과 관련이 있다(균근이 무엇인지 기억하는가? 균근은 1장에서 식물이 육지로 오를 때 만났던, 뿌리와 균류의 운명적 네트워크다). 연구팀은 특정 종 간의 친척 관계를 구체적으로 조사했고, 토양공생생물의 선택과 지상의 확산 방식 사이의 연관성을 발견했다. 뿌리세포에 균류가 들어오도록 '수용하는' 식물(내생균근)은 수분과 씨앗 확산에 주로 동물을 이용하여 넓은 지역을 정복할 가능성이 더 크다.[4] 반면에 뿌리 끝 표면에만 균류가 살도록 진화한 식물(외생균근)은 주로 바람을 이용하여 수분하고, 다소 소규모로 더 좁은 구역을 야금야금 정복한다. 흔히 그렇듯, 이런 연구 결과는 대답보다 질문을 더 많이 생성한다. 하지만 그것은 또한 우리가 동물과 식물의 공진화를 이해하는 데 아직 초기 단계에 있음을 보여준다. 어쨌든 현재 우리의 지식에 따르면, 지하와 지상의 협력 파트너 선택 방식이 지금의 산림 생태계 생물 다양성에 상당한 역할을 한 것으로 보인다.

여기서 우리는 인간의 동맹과 결정에 대해 정확히 무엇을 배울 수 있을까? 자연에서 '정보의 내용', 즉 관계의 질은 다양성이 증가함에 따라 점점 더 높아지는 것 같다. 올바른 정보는 바람을 타고 자연스럽게 퍼질 수도 있고, 갈고리로 걸어 글자 그대로 들러붙을 수도 있다. 공인된 운송사가 새로운 장소에 정보를 전달하기도 한다. 또한, 그동안 관심을 두지 않았던 채널도 있는데, 이것 역시 공존과 공동체의 다양성에 영향을 미친다.

여기에 이런 비교를 적은 이유는, 간단히 말해, 보편적으로 올바른 '한 가지' 방법을 찾기보다는 다양한 여러 솔루션에 익숙해져야 한다는 것을 보여주기 위해서다. 과학이든, 그 밖의 일상적인 것이든, 예술이든, 정치든, 주제가 무엇이든, 누구도 지혜를 독점할 수 없다. 우리는 극단적인 단순화와 최상의 해결책을 추구하다 오히려 일을 그르친다. 주변의 식물과 동물이 이용하는 신비로운 소통 방식을 우리 안에서도 찾는다면 훨씬 더 흥미로울 것이다. 생명체의 상호작용이라는 맥락에서 우리의 활동, 건강, 공존을 살펴본다면, 과연 어떤 언어적, 비언어적 의사소통 채널을 만나게 될까?

오늘날에는 신뢰할 수 있는 정보를 얻기가 정말 쉽지 않다. 특히 과학적 데이터를 사회적, 정치적 결정의 근거로 사용하고자 한다면, 요점에서 벗어나지 않게 전달하는 것이 매우 중요하다. 또한, 차분하고 신중하게 상황을 파악하고, 드러난 약점과 불확실성을 보완해야 한다. 무엇보다 과학은 최대한 객관적이고 견고해야 한다. 하지만 과학 역시 사람에 의해 만들어진다. 그리고 그것은 정말 좋은 일이다. 체계적인 자연 관찰이 옛날에도 지금도 여전히 인간의 호기심에 뿌리를 두고 있다는 사실은 누구도 부정할 수 없다. 우리는 그 옛날부터 논리적으로 보이는 가설을 세우고, 그것을 실험으로 검증하고, 잘못된 아이디어는 버리고 다시 새로운 아이디어를 찾아왔다. 실험을 충분히 많이 수행하면서 가설은 이론으로 발전할 수 있고, 초기 가정에 각 분야의 연구자들이 점점 더 많이 동의하면 이론은 과학적 합의가 될 수 있다. 그러나 모든 연구 주제는 자연에 대한 주관적 해석과 인간의 관심에서 비롯된다. 또는 나의 동료 옌스 포엘(Jens Foell)이 자신의 책 제목으로 말했듯이, 《사실은 의견일 뿐이다(Fakten sind auch nur Meinungen)》[5].

그렇더라도 반박할 수 없는 진실이 있다. 우리는 가정을 사실로 확정하기 위해 힘들게 노력했다. 과학 연구의 길에는 인생의 모든 일이 그렇듯, 성공과 역경이 모두 있다. 둘 다 연구와 대중 사이에 소통되어야 한다. 그래야 신뢰가 쌓인다. 그렇지 않으면, 현재 눈에 띄게 나빠지는 지구 생태계를 독립적이고 믿을 수 있으며 솔직하게 평가하는 일, 한마디로 과학적 환경 정책의 지향이 위험에 빠질 수 있다. 많은 사람이 망가지는 지구 생태계를 인식하지 못하거나 고의로 반대 주장을 펼친다. 진실에 도달하는 길은 때때로 길고 험난하며, 우리는 진실을 찾는 과정에서 종종 잘못된 방향으로 가기도 한다. 어떤 이들은 이것을 이용해 혼란 속에서 부당한 이익을 챙긴다. 식물 책에서 이런 여론 조성자들의 동기와 의도를 굳이 언급할 필요는 없지만, 적어도 잘못된 정보를 감지할 수 있는 필수 센서는 제공하고 싶다. 식물 연구는 한편으로 신화와 오해로 가득 차 있지만, 다른 한편으로 진실인 척하는 것을 어떻게 다뤄야 할지 보여주는 좋은 사례를 제공한다.

스파이더맨과 비현실적 기대

우리는 이미 생김새, 질감, 심지어 냄새까지 암컷 벌을 흉내 내는 난초의 사례에서 이것을 확인했다. 기만과 착취에 관한 한, 식물 역시 꽤 괜찮은 스승이다. 식물은 번식 가능성을 높이고 여러 이득을 챙기기 위해 자연을 영리하게 모사한다. 세계에서 가장 큰 꽃인 자이언트 라플레시아는 가능한 많은 동물을 끌어들여 수분과 씨앗 확산에 이용하기 위해 썩은 고기 냄새를 흉내낸다. 그뿐만이 아니다. 동남아시아가 원산지인 이 식물은 평소 아주 편하게 산다. 완전 기생식물로 숙주식물(대부분 덩굴식물)의 조직에 기생하여 살기 때문에 스스로 뿌리, 새싹, 잎을 형성하시 않는다.[6]

꽃 하나에 모든 것을 건 지나친 '몰빵(꽃의 크기가 최대 1미터이고 무게는 11킬로그램에 달한다)'과 기생 생활이 결합된 모습이 인간의 눈에는 혐오스럽겠지만, 동시에 감탄할 만하다. 우리가 어떻게 평가하든, 라플레시아의 매우 특별한 삶의 방식에는 썩은 고기 냄새의 정보도 수신할 수 있는 생태계가 반드시 필요하다. 다시 말해, 기만과 기생 생활은 적응력을 떨어뜨린다. 꽃의 씨앗을 퍼뜨리던 특정 설치류가 그 지역을 떠나버리면, 라플레시아는 문제에 직면하게 된다. 인간이 숲을 벌목하거나 개간하면, 기생할 숙주식물이 줄어든다. 날씨가 너무 따뜻하거나 건조하면, 꽃이 더 빨리 시들어 냄새 물질을 주변에 최적으로 방출할 수 없다. 이 모든 것을 종합해볼 때, 이 식물은 현재의 위기 상황에 그다지 유연하지 못하고, 멸종 위기 종에 속한다.

이것은 다른 생명체를 희생시키는 기만적인 삶의 방식 때문에 받는 벌일까? 자연은 아마 이런 의인화된 질문조차 하지 않을 것이다. 이 거대한 꽃의 기술은 진화 과정에서 그저 확산과 정착을 도왔을 뿐이다. 꾸지뽕나무와 비슷하게, 라플레시아도 엄청난 과제에 직면해 있다. 그들에게 재앙이 될 수도 있는 수많은 변수가 그들의 생존을 좌우하게 되었다. 게다가 인간이 야기한 기후변화는 아직 변수에 포함되지도 않았다. 당연히 기후변화가 상황을 훨씬 더 복잡하게 만들겠지만, 진화가 만든 그런 모래성은 때때로 저절로 무너지곤 한다. 동물들이 혐오감에 등을 돌린 탓에 얼마나 많은 식물 종이 이미 멸종했는지 생각해보라.

기만은 '진실보다 겉모습'에 공을 들이는 방법이라고 할 수 있다. 그렇다면 식물과 동물의 '정직한' 협력이 기만보다 더 오래 지속 가능하고 위기에 더 강할까? 이 질문에 대한 답은 아직 없지만, 확실히 매우 흥미로운 질문이다. 이런 기만은 인간 사회에도 존재하는데, 우리는 이런 수법으로 생물학적 차원뿐 아니라 수사학적, 지적 차원에서도 서로를 속일 수 있다. 호주의 인지과학자 존 쿡(John Cook)은 기후변화 논쟁과 관련된 허위 정보를 수년간 연구했다. 그는 가짜 뉴스의 가장 흔한 특징을 정리했다. 독일에서는 그것을 'PLURV'라는 약어로 요약하는데, 다음과 같은 언어적 허위 정보 현상을 뜻한다.

- P — 가짜 전문가(Pseudo-Experten)

- L — 논리 오류(Logikfehler)

- U — 비현실적 기대(Unerfüllbare Erwartungen)

- R — 체리 피킹(Rosinenpickerei, 케이크 위의 체리만 집어먹는 것처럼, 자신에게 유리한 것만 선택적으로 취하는 행위—옮긴이 주)

- V — 음모론(Verschwörungserzählung)

의도적으로 가짜 뉴스를 퍼트리는 이유는 여러 가지다. 가짜 뉴스는 증오심을 타고 퍼진다. 다른 사람이나 기관에 해를 끼치기 위해 또는 재정적 이익을 얻기 위해 가짜 뉴스를 퍼트린다. 당연히 우리의 정치 성향도 표적이 되어 가짜 뉴스의 영향을 받는다. 식물학은 기후 정책을 위한 해결책을 제공하는 동시에 다양한 오해를 불러일으키는 분야이므로, 식물학의 세 가지 PLURV 사례를 간략히 소개하고자 한다.

먼저 고전적인 논리 오류부터 보자. 식물은 성장과 발달을 위해 이산화탄소가 필요하고, 그래서 광합성을 통해 이산화탄소를 '흡입하여' 저장한다. 그러므로 나무를 심는 것, 더 나아가 식물 생태계를 보존하는 것은 지구온난화 대처법으로 특히 좋다. 그러나 식물의 광합성을 지원하기 위해 이산화탄소를 더 많이 배출해야 한다는 결론을 내린다면, 그것은 논리 오류다.

두 번째는 비현실적 기대다. 이것이야말로 문제의 핵심인데, 우리는 비현실적 기대를 통해 과학자들의 업적을 평가절하하는 동시에 해답을 찾고자 하는 절실한 마음을 표현하기 때문이다. 당연히 우리는 새로운 백신, AI 로봇, 유전자 변형 식물 등 새로운 기술이 부작용 없이 인간과 동물과 환경에 안전하기를 기대한다. 그러나 불행히도 그런 절대적인 안전 보장은 결코 약속할 수 없다. 게다가 과학적 원리는 원래 보편타당한 진실이 아니라 반증에 기반한다. 연구를 통해 복잡한 질문에 대한 확고한 불변의 답을 얻고자 하는 순간, 비현실적 기대가 생겨난다. 이러한 요구가 때로는 정당한 비평처럼 보이기도 하지만, 실상은 과학 연구 전체의 평판을 떨어뜨리는 한낱 토론 기술에 불과하다.

　장기간의 연구는 신기술의 결과를 분석하거나 잠재된 위험을 가능한 많이 제거하는 데에 특히 가치가 있다. 그렇더라도 새로운 연구를 일단 시도해보는 대담한 첫걸음이 우선 필요하다. 모든 신기술에는 특히 주의를 기울일 필요가 있다. 그와 동시에 정말 좋은 아이디어를 너무 성급히 버리지 않도록 기회와 위험을 신중히 따져봐야 한다. 우리는 현대 과학의 놀라운 성과를 기대할 수 있지만, 전 지구적 기적을 기대해선 안 된다. 현대 과학은 여러 위기를 극복하는 데 도움이 될 수 있고, 어쩌면 그것이 과학의 사명일 것이다. 또는 스파이더맨의 삼촌이 말했듯이, 큰 힘에는 큰 책임이 따른다.

　가장 중요한 마지막 세 번째는 거대한 음모론이다. 우리 인간은 뇌의 한계에 도달하면, 거대한 음모를 꾸미는 '거대한 배후 조종자'를 탓하는 경향이 있다. 이런 음모론에서는 주로 사건의 원인이 자기 이익을 무자비하게 주장하는 비밀 조직에 있다는 것이 특징이다.[7] 이런 음모론(사실 '론'을 붙여선 안 된다. 이미 언급했듯이 진짜 이론은 진짜 증거를 기반으로 정립되기 때문이다)의 유명한 예시가 바로 달 착륙 조작설, 원반 형태의 지구, 마이크로칩으로 인류를 통제하려는 빌 게이츠 등이다. 때때로 좀 더 정교하게 다듬어진 동화가 등장하기도 한다. 예를 들어, 5G 전파가 암을 유발한다는 이야기다. 물리적으로 전혀 다른 방사선이 암 위험을 높인다는 것이다. 여기서는 논리 오류와 음모론이 합쳐졌다.

　마지막 사례는, 이런 식으로 과학을 부정하는 행태에 대처하기가 얼마나 어려운지를 분명히 보여준다. 가짜 뉴스에는 종종 사실도 섞여 있다. 완전히 틀린 것이 아니라, '사실'이 적당히 첨가되고 중요한 세부 사항이 생략된다. 소위 우리 일반인을 병들게 하고 대기업을 부자로 만들기 위해 탄생했다는 '유전자 변형 식물'에서도 마찬가지다. 식물학자로서 나는 다양성을 매우 중시하고, 품종 개량 방법에서도 예외를 두지 않는다. 나는 교배와 선택을 통해 품종을 개량하는 것이 식물유전공학의 우아한 가능성만큼이나 위대하고 합법적이라고 생각한다. 유전자 단 하나를 통해 비타민이 풍부한 벼를 개발할 수 있었고,[8] 그 덕분에 수백만 명의 영양 상태를 개선하고 영양실조와 질병으로부터 자손을 보호할 수 있게 되었다. 1990년대 하와이에서 바이러스 저항성을 높인 품종을 도입한 덕분에 파파야는 멸종을 면했다.[9] 그리고 수십 년이 지난 오늘, 세계 최초의 밀 품종이 북미와 남미에서 승인되었다. 이 밀은 해바라기 유전자의 도움으로, 가뭄이 들어도 안정적인 수확량을 생산할 수 있다.[10] 그리고 유전자 가위 덕분에 다른 종의 유전정보 없이도 새로운 특성을 작물에 도입할 수 있게 되었다(무슨 말인지 이해가 안 된다면, 2장을 복습하기 바란다!).

이 모든 방법은 매우 기술적이고 공격적으로 들리지만, 사실은 현대 농업의 '눈에 보이는' 관행보다 훨씬 더 기술관료주의와 거리가 멀다. 물론 잠재적 위험에 대해 논의할 필요가 있다. 특히 이런 기술을 누가 사용하고, 누가 이익을 얻고, 누가 피해를 당하는지 논의해야 한다. 그러나 유전공학 연구가 시작된 지 거의 반세기가 지났지만 건강이나 환경에 부정적인 영향을 미친 사례는 아직 단 한 건도 보고

되지 않았다. 물론 다른 주장이 더러 보도되기는 하지만. '사악한 유전자 변형 식물'에 관한 이야기는 너무 복잡하고, 실제 방법론과 아무 관련이 없는 수많은 곁다리 사건으로 이어져, 연구자들이 따라갈 수 없을 지경이다. 맞다, 우리는 특허에 관해 이야기해야 한다. 우리는 화학적으로 처리된 밭에서만 생존할 수 있는 품종을 개발하려는 게 아니다. 이 식물들 중 어느 것도 본질적으로 독자적이지 않고, 생태계에 무분별하게 급속히 퍼져 나가지도 않을 것이다. 식물의 품종 개량은 자연을 폭력적으로 정복하는 것이 아니고, 새로운 것도 아니다. 우리는 이미 1만 년 전에 농작물의 유전자를 바꿨고, 그것은 위험하지도 않다. 오히려 그 반대다. 전통적인 방법이든 최첨단 기술이든, 품종 개량은 자연을 되살리고 재생하는 보다 지속 가능한 농업에 기여할 수 있다.

품종 개량이 제공하는 기회를 강조하는 경우는 매우 드물다. 강조는커녕 TV를 켜면 무슨 말을 듣게 되는가? 가짜 전문가, 논리 오류, 비현실적 기대, 체리 피킹, 음모론. 아이러니하게도 식물의 품종 개량은 수많은 조정 나사 중 하나일 뿐인데, 유독 거대한 일로 부풀려지고 있다. 한편으로 이해가 되기도 한다. 음식은 감정적인 문제이기 때문이다. 특히 강한 감정이나 분노가 생기는 일이라면, 다시 한 번 생각해볼 필요가 있다. 소셜 미디어에서는 그 어느 때보다 빠르고 쉽게 허위 정보가 퍼지고 있다. 그러므로 허위 정보임을 알아차리고 그것을 폭로하는 것이 더욱 중요하다. PLURV는 가짜 뉴스의 다양한 전략을 파악하고, 다른 사람뿐 아니라 우리 자신과의 대화에서 주제를 벗어나지 않는 데 도움이 될 것이다.

식물들이 원하든 원치 않든 그들은 정치적 운명을 타고났다. 그들은 인간 문명의 기반이고, 인간의 식량과 연료, 건축자재로 쓰일 바이오매스를 제공한다. 그리하여 그들은 생존에 필수인 생태계를 유지 보존하는 동시에 비옥한 토양과 안정적인 물 공급, 양호한 기후에 의존하여 산다. 이 세 가지의 결핍만으로도 이미 여러 가지 재앙이 닥친다. 오늘날 우리가 직면한 결핍 수준은 지구위험한계선에 거의 다다랐고, 사회적 불평등과 정치적 불안을 부추기고 있다. 그러므로 삶의 질을 떨어뜨리지 않으면서도 천연자원을 회복하고 보호하기 위해서는 농업과 식물 재배를 새롭게 다시 생각해봐야 한다. 점점 더 많은 연구자가 공통적으로 주장하듯이, 식물학은 인류세에서 어느 정도는 정치적 의제의 중심에 있다.[11] '녹색 연구'는 너무 오랫동안 무시되어왔다. 그러나 이제 천연자원이 부족해지면서 마침내 의사결정권자와 주주들의 관심을 끌 수 있을 것 같다. 식물학에는 식물을 동물보다 열등한 생물로 보는 이런 집단적 열등 콤플렉스를 지칭하는 '식물 맹시'라는 용어까지 있다. '식물 맹시'는 한편으로 식물의 삶과 영향력에 대한 체계적 무시를 가리키고, 다른 한편으로 천연자원의 지속 가능한 사용을 위해 식물학이 얼마나 중대한지를 강조한다.

식물과 식물의 산물은 우리 삶의 모든 상황에서 우리와 함께한다. 그들은 인류 진화의 일부다. 우리는 항상 그들에 관해 이야기하고, 그들을 키우고, 우리의 삶에 들어오게 했다. 불교의 신성한 보리수부터 이케아에서 파는 인조 야자나무에 이르기까지, 식물은 언제나 우리의 정체성을 드러냈고, 취향과 욕구를 표현해왔다. 우리는 커피나 매콤한 요리로 식물의 향을 즐기고, 식물 성분이 우리에게 '말을 건다'는 것을, 즉 식물 성분이 우리 내부에서 생리적 반응을 자극한다는 것을 즉시 알아차린다. 산소가 풍부한 숲속 산책로를 걸으며 심호흡을 하면, 신선한 공기뿐 아니라 이끼의 테르펜과 기분을 좋게 하는 플라보노이드 등 스트레스를 줄이고 건강을 증진하는 데 도움이 되는 식물 성분도 깊이 흡입하게 된다. 그래서 우리는 식물과 함께 있을 때 안정감을 느낀다.

그러므로 수많은 이야기와 의례, 관습, 축하 의식 등이 식물과 인간의 이런 신뢰 관계에서 발전한 것은 당연해 보인다. 취미로 정원을 가꾸는 사람, 스타 셰프, 장인, 예술가 등 다양한 직업군에서 인간과 식물의 로맨스가 싹트는 경우가 많다. 그들은 매일 식물과 식물의 산물을 만나며 영감을 얻는다. 이런 낭만적인 감정은 이상화로 이어진다. 우리는 장밋빛 안경을 쓰고, 식물이 실제로 (측정 가능하게) 가진 것보다 더 많이 가진 것처럼 부풀려서 보기도 한다. 식물을 뭔가 아름다운 것, 인간적인 것, 아주 오래된 메커니즘, 우리에게 의미를 주고 행복하게 해주는 호르몬 칵테일로 본다. 우리는 이런 모든 매력을 과장하지 않도록 주의해야 한다. 과도하게 낭만을 꿈꾸는 사람은 쉽게 상처받고 실망할 수 있다.

식물의 우상화 속에서도, 식물을 사랑하는 사람으로서 적어도 가끔은 사실의 땅에 발을 디디도록 하자. 녹색 친구들과 협력하면 우리는 위기의 시대에도 실제로 뭔가를 이룰 수 있다. 우리가 자연의

치유력을 속삭이는 동시에 자연보호의 책임을 회피한다면, 누구에게
도 아무것도 이롭지 않다. 모두가 자연을 보호할 수 있고, 보호해야
만 한다. 우리는 자연에 의존하고, 자연을 이용하며 살아가기 때문이
다. 나는 자연보호라는 용어를 항상 조금 이상하다고 생각했다. 우리
가 실제로 원하는 것은 인간보호이기 때문이다. 우리는 생태계 서비
스라는 쿠션의자에 함께 앉아서, 자신의 엉덩이를 걱정한다. 쿠션을
더욱 푹신하게 하고, 수선하고, 소중히 관리하면, 우리는 가장 편안
한 자세로 계속 앉아 있을 수 있다. 생존에 필요한 모든 것을 기꺼이
제공해주고 모든 것을 포용하는 자연의 이점을 누릴 수 있다.

상상하기 힘든 일이지만, 만에 하나 식물의 수분이 더는 이루어
지지 않고, 깨끗한 물이 없고, 비옥한 토양이 없고, 깨끗한 대기가 없
다면, 우리는 진짜 문제에 직면하게 된다. 재앙처럼 들린다. 그리고
실제로 재앙이다. 우리 인간은 단지 너무 고집불통이고, 서로 끊임없
이 싸우고, 새로운 기술을 거부하기 때문에, 결국 의식적으로 스스로
멸종한 최초의 종이라는 타이틀을 받게 될지도 모른다. 그것은 정말
로 웃픈 상황일 것이다. 보다시피, 나 역시 이 부분에서 포퓰리즘 어
조에 빠지고 말았다.

새로운 큰 음모론으로 발전하기 전에 최근 알게 된 내용을 자세
히 살펴보는 게 좋겠다. 인간과 식물은 어떤 상황에서도 협력한다.
인구가 증가하면서 바이오매스 수요는 점점 늘어나고 자원은 부족
해지고 있다. 우리는 경작지를 더욱 효과적으로 이용하고 자연을 더
잘 보호하고자 한다. 과학은 좋은 접근 방식과 그렇지 못한 접근 방

식을 구별하는 데 도움을 줄 것이다. 그러나 이따금 이런 과학의 역량과 사명을 훼손하고 과학을 악용하기 위해 특정 대상을 겨냥한 허위 정보가 퍼지기도 한다. 우리는 가짜 뉴스를 식별하고 적절한 정보 출처를 알아내는 법을 배울 수 있다. 소셜 미디어와 기계적으로 생성된 콘텐츠가 우리의 정보 처리 방식을 바꾸고 있는 바로 지금, 우리는 효과적인 지식 전달을 위한 가이드라인이 필요하다. 복잡한 문제를 흥미롭고 이해하기 쉽게 전달하려면, 탁월한 설명과 투명성, 능동적 참여가 필수다. 대중의 관심을 모으는 커뮤니티를 구축하고 포퓰리즘 경향에 맞서려면, 과학의 민주화가 필요하다.

자연, 식물, 동물 그리고 생물의 생장 과정에 관심을 가지면, 우리 그리고 우리 아이들도 무엇이 현재 잘못 진행되고 있고 무엇을 위해 싸워야 하는지 알 수 있다. 다시 말해, **자연은 경이로움으로 가득 차 있다!** 우리는 자연의 마법을 없애지 않고도 이런 경이로움을 탐험할 수 있고, 마법이 사라지지 않게 하면서도 그것을 밝혀낼 수 있으며, 자연에 침투하는 동시에 그 놀라운 힘을 유용할 수 있다. 생명체라는 마법 학교는, 살아갈 가치가 있는 세상에 개인이 기여할 수 있는 매우 현실적이고 실용적인 것들을 가르쳐주는 곳이기도 하다. 자연에 대해 많이 알수록 자연과 자연의 다채로운 경이로움을 보호하려는 욕구가 커진다. 환경보호와 지속 가능한 소비를 조화시키는 창의적 아이디어가 필요하다. 불행히도 일부 프로젝트는 재정 마련에 실패한다. 어떤 프로젝트는 인프라를 근본적으로 정비해야 하기 때문에 실행이 어렵다. 그리고 또 어떤 프로젝트는 중간에 예상치 못한 난관에 부딪히기도 한다. 이런 난관들은 자연보호의 진짜 난제들을 마치 거울처럼 선명히 보여준다.

범람원과 버팔로모차렐라

식물은 수 세기 동안 기후의 완충재 구실을 했다. 그러므로 이제 관건은 우리가 초래한 불균형을 바로잡기 위해 자연을 어떻게 활용할 수 있느냐다. 기후변화에 대처하기 위한 프로젝트 대다수는 아프리카 최대 사막 사하라의 남쪽 가장자리 사헬 지대처럼 사람이 살기 힘든 넓은 불모지를 활용하는 방안에 관심을 두고 있다. 2005년에는 사막화를 막기 위해 '녹색장성(Great Green Wall)'을 세우는 거대한 계획이 시작되었다. 초기 아이디어는 서쪽의 다카르(Dakar)부터 동쪽의 지부티(Djibouti)까지 사헬 지대에 나무를 심어 아프리카를 가로지르는 나무 벽을 세워 사막의 확장을 막고, 토양을 침식으로부터 보호하는 동시에 대기 중의 온실가스(이산화탄소)를 빨아들이게 하는 것이었다. 약 8,000킬로미터에 달하는 '녹색 안전벨트'를 2030년까지 완성해야 한다. 하지만 2020년까지 심어진 나무는 원래 목표의 4퍼센트에 불과한 것이 냉정한 현실이다.

소수 몇몇 나라, 특히 세네갈에서는 시민들이 아카시아처럼 가뭄에 강한 나무와 관목의 묘목을 성공적으로 길러내 프로젝트가 순조롭게 시작되었다. 그러나 다른 많은 국가에서는 현지 여건으로 인해 프로젝트가 제대로 진행되지 못했다. 심은 나무들마저 말라 죽었다. 아무도 돌보지 않았기 때문이다. 특히 갈등이 끊이지 않는 사헬 지대 국가들에서는 녹색장성 건설 작업을 계속하는 것이 불가능했다. 게다가 과학계의 비판적 목소리가 커졌다. 침입성이 강하고 빠르게 자라는 수종이 지역 생태계에 막대한 영향을 미칠 수 있고, 빈틈없는 대규모 녹화가 의도와 반대되는 효과를 가져올 수도 있다는 것이다. 즉, 햇빛을 반사하는 사막과 달리 빽빽한 녹지가 태양에너지를 많이 흡수하여 온난화를 부추길 가능성이 있다. 떠들썩했던 프로젝트는 결국 현실 앞에서 글자 그대로 시들어버렸고 실패로 끝났다. 정치적 안정이 전제 조건이라는 점이 여기서도 분명해졌다. 특히 효과적인 국제 협력이 필요한 일이라면 더욱 그러하다.

여전히 국제연합, 유럽연합, 세계은행 등은 아프리카 녹색장성에 거액을 투자하고 있다. 이제 지역 보존 프로젝트와 전통 농업의 장려가 새로운 목표이다. 이것을 통해 생산적인 경작지와 지속 가능한 숲이 조성될 것이다. 이런 미래 지향적 프로젝트는 좋은 일이다. 하지만 서구의 특권적 관점에서 비롯된 지속 가능성 아이디어를 다른 지역에도 강요하려 할 때면, 언제나 뭔가 찜찜한 뒷맛이 남는다. 아프리카의 해당 국가들은, 전쟁과 굶주림이라는 현실 조건 때문에 요구된 기후 대책을 지속적으로 이행할 수 없다고 지적했다. 타당한 지적이다. 그들은 외국 자본을 들여 상징성이 큰 녹색장성을 세우는 데 영토를 사용하는 대신, 이제 막 부상하고 있는 지역 자급경제 강화가 더 큰 효과가 있다는 것을 많은 곳에서 확인했다.

독일에서도 늑대의 귀환이나 늪지대의 재습윤화를 두고 논쟁할 때, 비슷한 목표 충돌이 생긴다. 생태학은 우선 이해하기가 놀라울 정도로 쉽다. 늑대를 예로 들어보자. 늑대는 먹이사슬의 최상위에 있는 대형 포식자로서 사슴과 노루 같은 초식동물의 개체수를 조절한다. 과거에 늑대 사냥으로 인해 포식자와 피식지 관계가 깨졌고, 그 결과 초식동물의 수가 자연스럽게 증가했고, 그 결과 식물이 대폭 감소했다. 늑대의 귀환이 이런 상황을 일부 바로잡을 수 있다. 포식자가 많아지면 풀을 먹는 피식자가 줄어든다는 뜻이다. 풀을 먹는 피식자가 줄어들면 식물이 많아진다는 뜻이다. 식물이 많아지면 생물 다양성이 커질 뿐 아니라, 뿌리 왕국을 통해 토양이 안정화되어 침식이 방지되고 탄소가 흡수되어 저장된다. 모두 좋은 일이다. 다만, 한 가지 문제가 있는데, 우리가 풀을 먹는 가축을 기르고 어떤 식으로든 경작지를 넓혔다는 것이다. 이런 곳에서는 늑대가 늑대로서 살아갈 수가 없다. 늑대가 서식할 공간이 거의 없는 데다, 늑대가 당연히 기꺼이 잡아먹을 우리의 가축을 지키기 위해 우리는 늑대를 쫓아내기 때문이다.

물론 독일은 부유한 선진국이고 이곳의 기본 조건은 사하라 이남 아프리카와 비교하면 훨씬 덜 극적이고 삶을 위협하지도 않는다. 그렇더라도 똑같이 '문명 충돌'이 있다. 과거의 행위와 효력이 현재 주변 환경에 뚜렷하게 영향을 미치면서, 인류는 점점 더 딜레마에 빠지고 있다. 곳곳에 작은 나무들을 심는 것이 현 상황에서는 여전히 가장 적합한 대책인 것 같다. 나무를 심는 것은 여러 기후 및 환경 목표를 달성하기에 좋은 아이디어다. 그러나 성공 여부는 세부 사항에 달렸다. 어떤 수종을 심을 것인가? 어디에 심을 것인가? 누가 돌볼 것인가? 너도밤나무 한 그루가 80년간 이산화탄소를 약 1톤이나 저장한다.[12] 하지만 이것으로는 충분하지 않다. 독일만 보더라도 한 사람이 1년에 온실가스를 평균 10톤이나 배출한다. 우리 각자가 배출하는 온실가스를 상쇄하려면 너도밤나무를 매년 800그루씩 심어야 한다. 산림 조성은 확실히 귀중한 퍼즐 조각이다. 특히 자연 풍경, 서식지 다양성, 이미 언급한 혼농임업의 이점을 고려할 때 더욱 그러하다. 하지만 산림 조성만으로는 전체 그림 퍼즐을 완성할 수 없다.

퍼즐 얘기를 이어가보자. 퍼즐 맞추기를 좋아하나? 퍼즐 조각을 완벽하게 제작하는 훌륭한 업체들이 있다. 이들의 제품은 퍼즐 조각들이 서로 딱 맞아떨어지고, 제자리에 끼울 때 기분 좋은 딸깍 소리가 난다. 지속 가능한 농업에서 두 가지 아이디어를 결합할 때도 이런 기분 좋은 딸깍 소리처럼 짜릿한 성취감을 줄 것이다. 그리고 바로 그것이 앞으로 나아가는 중요한 방법일 것이다. 단순히 '나무', '농장', '도시' 관점에서만 생각하지 말고, 전체적으로 제 기능을 하는 탄소 흡수원◎이 되면서도 인간과 동식물 모두가 사용할 수 있는 '건강한 풍경'이라는 관점에서 생각해야 한다.

◎ 이 천연 저장소는 대기에서 생산하는 것보다 더 많은 이산화탄소를 빨아들인다.

예시가 필요한가? 강둑을 넘어 범람하는 강물을 보라! 이상하게 들리겠지만, 주기적인 범람이 강둑과 주변 토양(범람원)의 탄소 함량을 유지해준다. 천연 제방에서는 주기적인 범람으로 간편하게 거름이 공급되어 식물이 잘 자라고, 강둑은 더욱 안정된다. 폭우가 내려도 귀중한 토양이 침식되지 않고 재앙의 홍수를 일으키지도 않는다. 범람원은 스펀지처럼 물을 저장해두었다가 가뭄이 들면 물을 다시 천천히 방출한다. 다양한 종이 서식하는 강둑(완벽한 에코톤!)에서 수많은 동물이 은신처와 먹이를 얻는다. 또한, 범람원의 증발 냉각은 거대한 에어컨 구실을 한다. 특히 극심한 기상 현상을 더 빈번히 각오해야 하는 바로 지금, 자연에서 얻는 이런 영감은 정말로 황금만큼 소중하다. 도시와 농촌에서 이런 스펀지 원리를 활용하면, 점점 희소해지는 물 자원을 홍수 때 저장하여 가뭄을 대비할 수 있다.

이렇게 딸깍 퍼즐 조각을 맞출 수 있는 또 다른 습지를 꼽자면 늪지대가 있다. 늪은 범람원과 비슷하지만, 수위가 항상 높게 유지된다. 또한, 늪은 오래전에 묻힌 식물 미라(탄소)를 수 세기, 수천 년 동안 흙 속에 안정적으로 봉인해왔다. 그런데 이탄을 채굴하고 늪을 농지로 전환하는 바람에 여러 가지 문제가 생겼다. 늪을 다시 되찾고 싶지만, 원래 늪지대였던 곳은 밭으로 바뀐 지 오래되었고 현재 7대째 농업을 잇는 젊은 농부가 농사를 짓고 있다. 늪지대의 재습윤화는 사회경제적으로 중요하다. 하지만 과학적 관점에서 늪지대를 원래 상태로 복원할 수 있는지 명확하지 않고 그 방법 역시 불확실하다. 그러니 아직 남아 있는 늪지대만이라도 부디 축축한 채로 두기 바란다!

이른바 '습지 농업'은 농부와 정치인의 이해 충돌을 끝내는 퍼즐 조각이 될 수 있다. 습지 농업에서는 밭이 물에 잠기고, 이전에는 목록에 없었던 갈대, 사초, 부들뿐 아니라 버드나무와 크랜베리까지 재배되어 에너지나 자재 심지어 요리에도 사용될 수 있다.[13] 습지에 저장된 탄소는 물 밑에 갇혀 기껏해야 새로운 작물을 위한 거름 구실을 할 것이다. 어쩌면 고기와 우유를 제공하는 물소 한두 마리도 추가할 수 있으리라. 이 평화로운 동물은 동아시아 전역에서 흔히 볼 수 있다. 남부 유럽 일부 지역에서도 발견되는데, 그들은 거기서 '서식지 건설자' 역할을 한다. 그들은 기계 없이 습지를 조성하고 보존하는 데 도움을 주고, 양서류와 곤충의 다양성을 높인다. 이들의 우유로는 맛 좋은 '버팔로모차렐라'를 만들 수 있다.

지금으로선 이 모든 것을 상상하기 어렵지만, 과학적 관점에서 보면 타당성이 있다. 생태적 균형이 탁월해지고, 습한 늪지는 주의 깊게 관리하면, 탄소 흡수원 역할도 할 수 있다. 많은 곳에서 연구되고 연구 결과가 발표되지만, 이런 선구적 프로젝트는 정치적으로 지원되고, 사회적 지지(예를 들어 구매 활동을 통해)를 받아야만 실현된다.

끝으로 바다로 여행을 떠나보자. 여기에도 기후 보호에 중요한 역할을 하는 광대한 영역이 있다. 현재 바다는 이미 세계에서 가장 큰 탄소 흡수원이다. 해저는 대개 탄소를 유기물질 형태로 저장하고 있고, 이 유기물질은 수명이 다한 후에도 그대로 보존된다. 늪의 원리와 매우 유사하다. 식물성 플랑크톤이 상당량의 이산화탄소를 흡입하여 세포를 만들고, 수명이 다하면 바닥에 가라앉아 영원히 묻힌다. 수심 10~15미터에서 광합성에 필요한 햇빛을 충분히 모으고 뿌리를 내려 모래 바닥을 안정시키는 수생식물도 환상적인 탄소 저장소다. 해초는 전 세계 해안에 서식하는 유일하게 꽃이 피는 해양식물이다. 해초들은 끊임없이 탄소를 해저로 방출하고, 방출된 탄소는 해초의 광범위한 뿌리 왕국에 꽁꽁 갇혀 무해해진다.

이러한 식물 군집은 최근에야 지구의 탄소 순환에서 중요한 흡수원으로 확인되었는데,[14] 확인된 동시에 질병 진단서가 발급되었다. 지구 전역의 해초밭이 개발과 과도한 비료 사용, 기타 인간 활동으로 인해 심각하게 훼손되어 앓고 있다. 해초밭이 파괴되면 뿌리도 해체된다. 이때 갇혔던 이산화탄소가 빠져나와 대기에 엄청난 혼란을 일으킬 수 있다. 기후변화 자체도 수생식물에 해를 끼친다. 수온이 상승하고 해조류가 과도하게 성장하여 수생식물의 삶이 어려워지기 때문이다.

해초인 거머리말은 전 세계에 퍼져 있고, 혹독한 환경에도 잘 적응하는 개별 개체군도 있다. 해초밭에 닥친 문제를 인식한 연구자들은 육지의 농작물에서와 마찬가지로, 기후에 적응한 해초 종을 체계적으로 연구하여 번식시키기 시작했다. 그뿐만 아니라 얼마 전부터 몇몇 곳에서(예를 들어, 킬Kiel에 있는 지오마르 헬름홀츠 해양연구센터)[15] 튼튼한 거머리말로 해안 전체 구간을 '녹색으로 물들였다'. 연구자들은 발트해의 물결치는 해초밭이 건강하게 건재하고 심지어 구글 지도에서도 확인할 수 있다고◎ 자랑스럽게 보고한다. 이 보잘것없는 수생식물이 그토록 건강하게 자라는 이유는 번식 주기와 재배 조건을 수년간 연구한 덕분이다.

이처럼 인간은 실험 욕구를 발휘해 해초밭 복원에 힘을 보탤 수 있다. 농작물을 교배하고 선택한 경험을 활용하여 신속하게 바다의 가장 중요한 기후 영웅을 찾아내 해안에 '재배'할 수 있다. 또한, 대규모 해초밭 기계 파종으로 이 위대한 식물 군집을 온전한 상태로 복원하는 것도 생각해볼 수 있다.[16] 절실히 필요한 이런 해양 생태계 복원이 현재 제대로 탄력을 받고 있다. 과학자와 아마추어 다이버, 비정부기구와 협회가 힘을 합쳐 해안을 녹색으로 물들이기 위해 노력하고 있다. 그리고 정책 결정권자들은 명심하기 바란다. 해초가 무성하게 자라도록 그냥 내버려둠으로써 위대한 효력을 낼 수 있는 기회는 단 한 번뿐이다.

지오마르 헬름홀츠 해양연구센터의 해초밭 같은 고무적인 프로젝트는 우리가 호기심과 창의력을 발휘해 자연과 인류를 더 잘 보호할 수 있다는 희망을 준다. 여기에 효과적인 과학 소통이 더해진다면, 훌륭한 연구 결과의 물결이 학계의 장벽을 넘어 모두를 기쁘게할 것이다. 아무튼, 나는 이런 좋은 아이디어를 만나면 기분이 좋아

◎　자세히 보면, 북위 54°20′55.9″, 동경 10°08′59.8″에 위치한 킬 앞바다의 조스테라 초원에서 규칙적인 초록 패턴을 볼 수 있다(최근 위성사진에서는 이미 울창한 잔디밭으로 자랐을 수 있으므로 보장할 수는 없음).

진다. 그래서 당장이라도 잠수복을 입고 발트해의 모래 바닥에 식물을 심고 싶다.

유럽연합 차원에서도, 생태계의 다양성이 필요하고 그것을 달성하기 위해 비용과 노력을 아끼지 말아야 한다는 인식이 퍼졌다. 2024년에 제정된 (다소 복잡한 이름의) '복원 규정'에 따르면, 유럽연합 회원국은 2050년까지 생물 다양성 훼손을 막기 위해 구속력 있는 특정 목표를 달성해야 한다.[17] 이것은 좋은 신호이기는 하나 요구하는 바가 다소 불분명하다. 각 국가가 정확히 무엇을 실행해야 하고, 목표를 달성하지 못할 경우 어떤 처벌을 받게 되는지가 서류 더미 속에 묻혀 있다. 서류는 서류일 뿐이라 실행을 보장하지는 못하지만, 어쨌든 나름대로 자기 역할을 한다. 그러니 우리가 할 수 있는 게 없다는 안일한 생각에 빠져서는 안 된다. 각자가 개별적으로 몇 가지 간단한 방법을 통해 자신의 탄소 배출량을 크게 줄일 수 있다. 맞다, 식물은 정말 대단하다. 하지만 자연에만 기대지 말고 우리 스스로 뭔가를 하자. 식물과 인간은 종종 서로 경쟁하는 거대 집단이다. 하지만 둘이 협력한다면, 무적이 된다.

어느 과학자의 소원

자원 절약과 완전 재활용의 추구는 지속 가능한 생태계를 위한 중요한 접근 방식이다.

우리는 또다시 식물에서 영감을 얻을 수 있다. 식물은 필요한 만큼만 소비하고, 재생에너지를 사용한다. 그들은 선조가 남긴 것으로 살아간다. 젊은 세대와 기성세대가 유기적으로 상호작용하며 성장하고, 태양을 향해 펼쳐진 돛의 방향을 역동적으로 최적화하고, 서로 물질과 정보를 교환한다. 필요하다면 새로운 도구와 기술을 발명하여 더 깊이 뿌리를 내리거나 더 안정적으로 성장하거나 움직일 수 있다. 이런 적응력은 진화로부터 받은 보상이다. 진화는 특히 창의적인 아이디어를 장려하고, 오늘날 우리가 사랑하고 연구하는 다채로운 생물 다양성을 만들어냈다.

인간 역시 시대에 뒤처지지 않도록 항상 자신을 혁신해왔다. 처음에는 똑바로 서서 걷기가 힘들었지만, 두 다리로 선 덕분에 손으로 음식을 모으고, 운반하고, 방어할 수 있게 되었다. 무엇보다도 새롭게 얻은 정교한 손놀림 덕분에 우리는 약 260만 년 전에 도구를 개발하여 사냥을 하고 동물성 및 식물성 음식을 준비하는 데 사용했다. 두 발로 걸은 덕분에 우리는 이주 영역을 넓힐 수 있었고 새로운 영토를 탐험할 수 있었다. 그리고 약 80만 년 전, 우리는 불을 길들이고, 점점 더 커지는 뇌를 개발했다. 곧 우리의 선조들은 동굴 벽에 그림을 그리고 기호를 사용하여 의사소통을 시작했다. 같은 호모속인 우리의 친척 종(예를 들어 네안데르탈인)이 멸종되기 이전부터, 우리 호모사피엔스 종은 이미 어망을 만들고, 장례식을 거행하고, 옷을 맞춤 제작하고, 보석을 만들었다.

약 1만 1,000년 전에 끝난 마지막 빙하기 이후로, 한때 매우 다양했던 호모속 계보에서 유일하게 호모사피엔스 종만 살아남았다. 그 후 호모사피엔스 종은 큰 두뇌와 여러 가지 기술을 이용해 동물을 길들이고 식물을 재배하는 방법을 배웠다. 이 획기적 사건을 계기로 농업과 축산업이 생겨났고, 이를 통해 처음에는 지역적으로, 나중에는 전 세계적으로 자연경관이 바뀌었다. 식량 생산은 거주지, 마을, 도시의 형성으로 이어졌다. 한마디로 정착 생활이 시작되었다. 이것으로 우리는 이 책의 긴 여정의 끝에 도달했고, 다시 시작 부분으로 돌아왔다.

이 모든 것이 역사 수업 또는 공룡 시대의 지구 이야기처럼 들린다. 그러나 우리 대다수는 공동 진화의 진짜 전환점을 직접 경험했다. 인구가 1959년 30억 명에서 1999년 60억 명으로, 불과 40년 만에 두 배로 증가한 것이다.[18] 그리고 몇 년 전 80억 명을 돌파했다. 이 엄청난 인구는 지구를 눈에 띄게 변화시켰다. 어떤 사람들은 이 사실에 동의하지만, 또 어떤 사람들은 자신의 활동이 환경에 미치는 영향을 무시하거나 더 나아가 부정한다. 우리가 무한정 성장할 수 없다는 것은 분명한 사실이다. 지구의 자원은 제한적이고, 우리의 파란 우주선은 이미 거의 만석 상태로 신음하며 힘겹게 은하계를 돌고 있다. 우주에서 지구를 보면, 발트해의 해초밭은 물론이고, 서식지의 감소, 도시의 빛공해, 점진적 사막화, 작아지는 빙하 등도 볼 수 있다.

이런 변화의 일부는 이미 예전에 발생했을 수도 있고, 지구 역사에서 주기적으로 관찰할 수 있는 어느 정도 자연스러운 현상이기도 하다. 여기서 진짜 문제는 변화의 속도와 극단적 정점이다. 종의 절멸과 극심한 날씨는 이제 더는 자연현상만으로 설명할 수 없게 되었다. 아무리 간절히 바라더라도 안 된다. 우리가 수십억 번씩 직접 뿌린 씨앗은 앞으로도 계속 우리의 작은 파란 우주선에 영향을 미칠 것이다.

그러니 용기를 모두 끌어모아 큰 두뇌를 다시 작동하고 우리의 책임을 진지하게 받아들이자. 자신의 습관을 성찰하고 새로운 기술의 습득을 개인적인 즐거운 도전으로 여기자. 지속 가능성의 게임화! 나는 개인적으로, 별로 재미없는 과정이라도 게임 개념을 적용하면, 문제에 접근하려는 동기가 생기고 어느 정도 가벼움을 유지하는 데 도움이 된다. 우리는 살기 좋은 세상뿐 아니라, 낙관적인 미래 전망과 희망찬 미소, 앞으로 일어날 일에 대한 감탄도 우리의 후손에게 물려줘야 한다. 우리는 식물을 파종하고, 심고, 돌봄으로써 식물이 번성하고 열매 맺을 내일의 세상에 신뢰를 보낸다. 직업병일지는 몰라도 나는 식물학자로서 여전히 미래에 관심이 많고, 호기심 가득한 어린아이처럼, 자연이 우리를 위해 어떤 흥미로운 새로운 발견을 준비해두었을까 궁금해한다.

내가 이 책을 쓰는 동안 독일연방교육연구부의 재정 지원으로 출판된 《생물 다양성 팩트체크(Faktencheck Artenvielfalt)》 역시 모두가 자연 회복에 기여할 수 있음을 보여준다.[19] 다양한 연구소의 약 150명에 달하는 연구자들이 작성한 이 출판물은 독일의 생물 다양성에 대한 포괄적 분석과 평가의 결과물이다. 독일의 생물 다양성 상태는 (대략 예상했던 대로) 암울했다. 서식지의 절반 이상이 부적합하거나 나쁜 상태였다. 식물, 균류, 동물이 약 3만 종에 달하지만, 그중 3분의 1이 급성 멸종 위기에 처해 있다.

이런 데이터는 수집하기가 쉽지 않다. 지속적이고 공식적인 데이터가 여전히 부족하다. 데이터 포인트와 종의 수는 팩트체크에 나선 연구자들이 힘들게 조각조각 모아 만든 패치워크에 가깝다. 이런 걱정스러운 수치의 근거가 되는 '측정값'의 약 70~80퍼센트는 자연보호 자원봉사자들이 봉사활동으로 또는 여가활동으로 기록한 것으로 추정된다. 이것은 문제가 될 수 있는데, 이런 식의 기록에서는 '개인이 주관적으로 선호하는 종'이 과도하게 강조되고, 눈에 잘 띄지 않는 다른 종은 거의 무시될 수 있기 때문이다.

그렇더라도 정량적 규모만으로 특정 추세를 보여주고, '조치 필요'라는 단어를 빨간색으로 강조하는 기록이 탄생했다. 옛날에 흔히 보이던 쐐기풀나비는 이제 거의 전적으로 낮은 산악 지대에서만 발견되고, 항라사마귀는 점점 따뜻해지는 독일에서 점점 더 편안해한다. 일부 지역에서는 생물 다양성 자체는 크게 변하지 않지만 그 구성이 달라질 수 있다. 신생식물과 신생동물이 토착종을 대체하는 경우가 점차 늘고 있고, 이는 수많은 사적, 공적 관찰을 통해 확인되었다.

여기서 시민 과학, 즉 일반인의 참여가 가진 잠재력이 드러난다. 시민 과학은 과학의 실질적 부가가치를 높일 수 있다. 각각의 개인은 적극적인 참여 외에도 종을 보호하기 위해 많은 일을 할 수 있다. 물론, 효과적인 환경 정책과 생태적 경제 개혁이 가장 중요한 요소다. 그러나 생물 다양성 주제에서 주목할 만한 특징은 개인도 소비와 토지 사용을 통해 큰 변화를 만들 수 있다는 점이다. 예를 들어, 독일에서 개인 정원의 총 면적은 전체 자연보호 구역의 약 절반 크기다. 이는 우리가 콘크리트 진입로나 관리하기 쉬운 자갈밭보다 꽃꿀 식물, 나만의 쉼터 또는 작은 우물을 선택하는 정원 설계를 통해 얼마나 많은 영향을 미칠 수 있는지 보여준다.[20]

우리는 자신의 집을 작은 다양성 오아시스, 다른 생명체를 위한 '안전가옥'으로 바꿀 수 있다. 예를 들어, 야생 꿀벌과 새, 작은 거미, 빈대 등은 모두 도시 한복판에 남아 있는, 말끔히 밀어버리지 않은 땅을 좋아한다. 이는 베란다 정원을 가꾸는 사람들에게도 적용된다. 다채로운 식물이 자라는 화단에 이따금 동물들이 모여드는 모습을 지켜보는 것은 매우 흥미롭다. 식물의 다양성을 살리는 정원을 가꾸려면 지켜야 할 것이 하나 있다. 빨리 자라는 신생식물을 심으면 안 된다. 침입종의 번식 센터를 가꾸고 싶지는 않을 테니, 토착종을 압도하는 신생식물을 미리 알아두기 바란다.

마지막으로, 우리는 더 실험적인 태도로 쇼핑하고 요리함으로써 농업의 다양성을 높이는 데 기여할 수 있다. 매주 새로운 채소를 먹어보면 어떨까? 이따금 익숙한 재료 대신 새로운 재료로 요리하면 어떨까? 퍼즐 놀이를 즐기는 사람이라면, 제철 재료만으로 요리하는 도전도 즐겁게 할 수 있을 것이다. 특히 일주일 식단을 짜고 계획적으로 쇼핑한다면, 지속 가능한 소비 생활을 할 수 있다. 그러면 음식물 낭비를 최소화할 수 있고, 시간과 돈도 절약할 수 있다.

이 책의 여정을 마치며 한 명의 식물학자로서 나의 가장 중요하고도 경건한 두 번째 소원을 밝히자면, 그것은 과학에 대한 더 큰 신뢰다. 과학에는 온갖 예측 불가함과 모순 그리고 때로는 모호한 진술들도 있지만, 나는 과학이야말로 인간의 끝없는 호기심의 표현이라고 생각한다. 자연에 대한 과학적 관찰은 원시시대부터 이어져온 매우 오래된 동시에 현대적인 활동이다. 이것은 인간과 식물을 하나로 묶어주었고, 이미 수천 년 전에 이런 연결을 공표했으며, 현재 인간과 식물의 공존에 닥친 문제점을 지적해준다. 과학은 진실을 탐구할 때 우리가 쓸 수 있는 가장 좋은 접근 방식이다. 과학적으로 얼마나 잘 연구되었느냐에 따라, 과학은 그저 물에 빠졌을 때 움켜잡는 지푸라기에 불과할 수도 있고, 허위 정보의 파도 속에서 의지할 수 있는 바위일 수도 있다. 굳건한 자연법칙에도 불구하고 과학은 역동적이고, 끊임없이 새로운 것을 발명하고 의문을 제기하며, (가운이나 양복을 입고 있을 뿐) 여전히 어린아이처럼 순수하게 감탄할 줄 아는 사람들의 건강한 토론 문화를 바탕으로 발전한다.

박사학위 또는 심지어 대학 졸업장이 없더라도 우리는 자연의 상호 연관성에 관심을 가질 수 있고, 적어도 주변 사람들이 이 주제에 주목하게 할 수 있다. 이웃과 커피를 마실 때, 직장 휴게실에서 동료와 대화할 때, 모두가 애용하는 가족단톡방에서, 지식 전달자의 첫걸음을 내딛어보자. 진실이라는 이름을 단 뉴스들이 인터넷상에서 끊임없이, 종종 걸러지지 않은 채로 팩트 체크 없이 확산된다. 이제

PLURV를 측정 도구로 삼아, 부디 유사과학적 진술과 가짜 뉴스를 쉽고 구체적으로 적발해내기 바란다.

오늘날 우리가 과학 지식을 어떻게 다루느냐는, 미래 세대가 자연 연구를 얼마나 중시하느냐에 막대한 영향을 미친다. 가까운 미래에 자연보호 국제 협정이 이행될지, 된다면 어떻게 이행될지 아직 알 수 없다. 하지만 우리의 자녀와 손자들이 우리의 결정에 분명히 영향을 받을 것이다. 내가 마지막으로 이 메시지를 전파한 것은 전 세계적으로 코로나 팬데믹이 한창일 때였고, 이 문장을 쓰고 있는 지금은 끔찍한 전쟁이 벌어지고 있다. 이런 위기의 시기에 식물과의 교류를 얘기하는 것이 어쩐지 무의미하게 느껴지지만, 다시 생각해보면 관련성이 매우 많고 희망차다. 식물은 우리의 식량과 기능과 삶의 기초이기 때문이다. 식물은 공동의 진화 과정에서 늘 우리 곁을 지키며 열매와 용기를 주었다. 그러니 자녀에게 식물을 키우게 하라! 우리 시대의 가장 시급한 질문에 대한 답을 식물로부터 많이 얻을 수 있으니.

지구적 공생

이 책의 각 장 제목이 식물의 생애 주기라는 것을 분명 눈치챘을 것이다. 우리의 삶 역시 식물의 생애 주기로 아주 잘 묘사될 수 있다. 어떤 의미에서 우리의 출생은 '발아'다. 인간 의학에서 생식세포라고 부르는 것이 바로 종자세포다. 비유적으로 말하면, 우리는 각자 사회적 맥락에 뿌리를 내리고, 그 안에서 성장하고 경험을 쌓고, 이 경험이 노년까지의 삶을 결정한다. 그리고 우리는 계속해서 자기만의 고유한 목표를 추구하고, 직업을 갖거나 가정을 꾸리고, 사는 목적과 의미를 찾고자 한다. 식물과 마찬가지로 우리도 주변 사람들과 잘 소통하는 것이 삶에 이롭다. 그리고 인간 사회에서도 정보가 때로는 언어로 표현되지 않고 행간에 숨겨져 있다. 우리의 건강과 기분은 우리 몸 안에 사는 작은 생명체에 크게 좌우된다. 뿌리 왕국에 사는 미생물군이 식물의 모든 생활에 영향을 미치는 것과 똑같다. 우리는 미시적 침입자로부터 자신을 방어할 수 있어야 한다. 또한, 더 큰 차원의 신체적, 심리적 도전들이 우리를 시험하고 지금의 우리를 만든다. 개미와 협력하는 아카시아처럼, 우리는 존재만으로도 엄청난 힘을 주고 내적, 외적 저항력을 키워주는 적합한 파트너를 원한다. 우리 역시 다른 사람과 더불어 살지 않으면 시들 수밖에 없고, 친하게 지내는 사람이 다양할수록 삶의 회복력이 더 강해진다.

이 비유는 개인의 삶에만 적용되는 것이 아니다. 어쩌면 이것은 식물 재배에서 싹튼 현대 인류의 진화로까지 확장될 수 있을 것이다. 말하자면 인류는 공동체와 문명을 건설하면서 집단적으로 뿌리를 내렸고, 성장을 추구했으며, 임무를 나누었다. 우리는 유익한 도구를 개발했지만, 그와 동시에 분열을 조장하는 무기도 개발했다. 이 과정에서 공통된 언어는 종종 갈등 방지와 외교적 타협에 중요한 구실을 했다. 점점 커지는 집단에서의 삶은 바로 모두가 행복할 수 있는 타협안을 끊임없이 찾는 과정이기 때문이다. 식물도 이와 다르지 않다. 그들은 군집해 살면서 공동체의 힘을 유지하기 위해 한 종이 과도하게 성장하는 것을 막는다. 인류 문명 역시 각 개인이 자유롭고 안전할 때, 아무도 소외되지 않고 모두가 서로 도울 수 있을 때, 다양한 개인이 더불어 살며 공동체를 풍요롭게 할 때, 최고의 모습이 된다. 비록 모국어가 다르더라도 우리 모두를 연결해주는 고리가 있다. 우리 모두에게는 상호 존중하는 지속 가능한 공존에 대한 공동 책임이 있다. 이런 공존은 뿌리 왕국의 균류와 식물 간의 숨은 지하 동맹만큼 깊고, 거창한 말도 필요치 않다.

　오늘날 우리는 모두를 하나로 묶어줄 단어, 의사소통을 되살려 줄 단어를 찾기 위해 노력할 필요가 있다. 같은 상황에 서로 다른 단어를 사용하여 오해가 생기는 일이 종종 있다. 상대방의 언어로 상대방의 입장에서 생각할 때 건설적인 대화가 시작된다. 우리는 모두 부모, 이웃, 친구와 이야기하고 관심 있는 내용을 설명함으로써 일상생활 속에서 과학 소통에 참여한다. 이때 우리는 종종 상대방의 이해 부족이나 무관심에 절망하기도 하지만, 그 원인이 우리 자신에게 있는 경우도 적지 않다. 이를테면, 설명하는 방식, 몸짓, 어려운 용어, 익숙한 어조 등이 모두 합쳐져 성공적인 정보 전달에 결정적 역할을 한다.

　그룹 채팅이 다시 한번 사회적 실험이 되고 있는데, 그곳에서는 어조가 가상으로만 생성되고 다양한 이모티콘과 이모지 사용으로 소통이 훨씬 더 복잡해지기 때문이다. 파란색 확인 표시와 사라진 숫자만으로는 우리가 보낸 메시지가 의도한 그대로 상대방에게 도달했는지 확신할 수 없다. 하지만 이것을 좋은 훈련 기회로 삼을 수 있다. 미래에 공개된 채널이나 보다 진지한 토론에서 기후, 사람, 환경을 주제로 소통할 때 무엇이 필요할지 미리 연습하는 기회로 여길 수 있다. 비방 없이 명확히 표현하고, 자신의 약점과 불안감을 인정하고 타협하는 객관적 대화의 공동 진화! 이는 필수적인 지구적 공생을 통해 우리 시대의 위기를 해결하는 바람직한 방법일 것이다. 우리는 아주 옛날부터 말하지 않고도 식물과의 관계를 항상 유지해왔다. 식물은 우리와 많이 다르지만 동시에 매우 친숙하다. 우리는 그런 식물로부터 많은 것을 배울 수 있다. 그리고 그런 식물의 초능력을 이제야 이해하기 시작했다.

7p

1. Der Abdruck des Zitats erfolgt mit freundlicher Genehmigung des Verlags Klett-Cotta. J.R.R. Tolkien. Der Herr der Ringe. Aus dem Englischen von Margaret Carroux. © The Tolkien Estate 1954, 1955, 1966, 2021. Hobbit Presse J. G. Cotta'sche Buchhandlung Nachfolger GmbH, Stuttgart 2021.

1장 발아

Smells like green spirit

1. Heidstra, R. & Sabatini, S.: »Plant and animal stem cells: Similar yet different«, in *Nature Reviews Molecular Cell Biology* vol. 15 301-312. Preprint at https://doi.org/10.1038/nrm3790 (2014).

2. Tulina, N. & Matunis, E.: »Control of Stem Cell Self-Renewal in *Drosophila* Spermatogenesis by JAK-STAT Signaling«, www.sciencemag.org.

3. Gallois, J. L., Nora, F. R., Mizukami, Y. & Sablowski, R.: »WUSCHEL induces shoot stem cell activity and developmental plasticity in the root meristem«, in *Genes Dev* 18, 375-380 (2004).

4. Sweetman, A. K. et al.: Evidence of dark oxygen production at the abyssal seafloor. *Nat Geosci* 17, 737-739 (2024).

5. Sessions, A. L., Doughty, D. M., Welander, P. V., Summons, R. E. & Newman, D. K.: »The Continuing Puzzle of the Great Oxidation Event«, in *Current Biology* vol. 19. Preprint at https://doi.org/10.1016/j.cub.2009. 05.054 (2009).

6. Delaux, P. M. & Schornack, S.: »Plant evolution driven by interactions with symbiotic and pathogenic microbes«, in *Science* vol. 371. Preprint at https://doi.org/10.1126/science.aba6605 (2021).

7. Dyall, S. D., Brown, M. T. & Johnson, P. J.: »Ancient Invasions: From Endosymbionts to Organelles«, in *Science* (1979) 304, 253(2004).

8. IPCC, 2023: »Climate Change 2023: Synthesis Report. Contribution of Working Groups I, II and III to the Sixth Assessment Report of the Intergovernmental Panel on Climate Change«, [Kernteam der Autoren, H. Lee and J. Romero (Hrsg.)]. IPCC, Genf. https://www.ipcc.ch/report/ar6/syr/ (2023) doi:10.59327/IPCC/AR6- 9789291691647.

9. Schreiber, M., Rensing, S. A. & Gould, S. B.; »The greening ashore«, in *Trends in Plant Science*, vol. 27 847-857. Preprint at https://doi. org/10.1016/j.tplants.2022. 05.005 (2022).

10. Chater, C. C. et al.: »Origin and function of stomata in the moss *Physcomitrella*

patens«, in *Nat Plants* 2 (2016).

2장 뿌리 내리기

1. Hörandl, E. & Hadacek, F.: »Oxygen, life forms, and the evolution of sexes in multicellular eukaryotes«, in: *Heredity* vol. 125. Preprint at https://doi. org/10.1038/ s41437-020-0317-9 (2020).

2. Richardson, C. R. & Clay, K.: Sex-Ratio Variation among *Arisaema* Species with Different Patterns of Gender Diphasy. *Plant Species Biology* vol. 16 (2001).

3. Leopold, A. C.: »Smart plants: Memory and communication without brains«, in: *Plant Signaling and Behavior* vol. 9. Preprint at https://doi.org/10.4161/15592316. 2014.972268 (2014).

4. Woo, H. R., Masclaux-Dabresse, C. & Lim, P. O.: »Plant senescence: how plants know when and how to die«, in: *J Exp Bot* (2018).

5. ZDF *Magazin Royale* vom 2. 2. 2024 (2024).

6. Gan, S. & Amasino, R. M.: »Making Sense of Senescence (Molecular Genetic Regulation and Manipulation of Leaf Senescence)«, in *Plant Physiol* vol. 113 (1997).

7. Abbo, S. & Gopher, A.: »Plant Domestication in the Neolithic Near East: The Humans-Plants Liaison«, in *Quaternary Science Reviews* 242 (2020).

8. Spencer, D. & Merx, L.: »Krautnah Episode #17 Thyme after Time«, Podcast von David & Laura, Veröffentlichung am 3. 7. 2021 unter https://krautnah.de/episode-17 (2021).

9. Spencer, D.: *Alles bio-logisch?! Die Superkräfte der Pflanzen nutzen, klimafreundliches Gemüse essen und die Welt retten*, Droemer Knaur (2022).

10. Europäisches Parlament & Rat der Europäischen Union. Richtlinie 2001/18/EG des Europäischen Parlaments und des Rates vom 12. März 2001 über die absichtliche Freisetzung genetisch veränderter Organismen in die Umwelt und zur Aufhebung der Richtlinie 90/220/EWG des Rates-Erklärung der Kommission. https://eur-lex.europa. eu/legal-content/ de/ALL/?uri=CELEX%3A32001L0018, Zugriff am 02.07.2024 (2001).

11. Forum Bio-und Gentechnologie e. V.-Verein zur Förderung der gesellschaftlichen Diskussionskultur e. V. https://www.transgen.de/Transparenz Gentechnik. https:// www.transgen.de/.

12. Jinek, M. et al.: »A Programmable Dual-RNA-Guided DNA Endonuclease in Adaptive Bacterial Immunity«, in Science 337, 816-821 (2012).

13. Gerichtshof der Europäischen Union. Pressemitteilung Nr. 111/18: Durch Mutagenese gewonnene Organismen sind genetisch veränderte Organismen (GVO) und unterliegen grundsätzlich den in der GVO-Richtlinie vorgesehenen

273

Verpflichtungen. https://curia.europa.eu/jcms/jcms/Jo2_7052/de/?annee=2018, Zugriff am 10.11.2024 (2018).

14. Deutsche Forschungsgemeinschaft (DFG, G.R.F. and the G.N.A. of S. L.): »Keeping Europe Up to Date – a Fit-for-Purpose Regulatory Environment for New Genomic Techniques.« https://www.dfg.de/resource/blob/289576/300ff7085ac66b7ff03177849008a13f/statement-genomic-techniques-data.pdf.

15. Bartlett, M. E., Moyers, B. T., Man, J., Subramaniam, B. & Makunga, N. P.: »The Power and Perils of De Novo Domestication Using Genome Editing«, in *Annu. Rev. Plant Biol*. 2023 74, 727-750 (2023).

16. Liao, F.: »Discovery of artemisinin (Qinghaosu)«, in *Molecules* vol. 14 5362-5366. Preprint at https://doi.org/10.3390/molecules14125362 (2009).

17. Baluška, F. & Mancuso, S.: »Plants, climate and humans«, in EMBO *Rep* 21, (2020).

3장 태양을 향해

1. Leopold, A. C.: »Smart plants: Memory and communication without brains«, in *Plant Signaling and Behavior* vol. 9 Preprint at https://doi.org/10.4161/15592316.2014.972268 (2014).

2. Darwin, C. & Darwin, F.: *The Power of Movement in Plants*, John Murray (1880).

3. Pollan, M.: »The Intelligent Plant«, in *The New Yorker*, https://www.newyorker.com/magazine/2013/12/23/the-intelligent-plant, Zugriff am 01.07.2024 (2013).

4. Chamovitz, D.: »Rooted in Sensation: Hearing«, in *New Sci* (1956) 215, 37 (2012).

5. Mishra, R. C., Ghosh, R. & Bae, H.: »Plant acoustics: In the search of a sound mechanism for sound signaling in plants«, in *Journal of Experimental Botany* vol. 67 4483-4494. Preprint at https://doi.org/10.1093/jxb/erw235 (2016).

6. Dudley, S. A. & File, A. L.: »Kin recognition in an annual plant«, in *Biol Lett* 3, 435-438 (2007).

7. Sheng-Ji, P.: »Ethnobotanical Approaches of Traditional Medicine Studies: Some Experiences From Asia«, in *Pharm Biol* 39, 74-79 (2001).

4장 함께 성장하다

1. Jang, G. et al.: »Volatile methyl jasmonate is a transmissible form of jasmonate and its biosynthesis is involved in systemic jasmonate response in wounding«, in *Plant Biotechnol Rep* 8, 409-419 (2014).

2. Selosse, M. & Le Tacon, F.: »The land flora: a phototroph-fungus partnership?«, in *Trends Ecol Evol* 13, 15-20 (1998).

3. Wildon, D. et al.: »Electrical Signalling and Systemic Proteinase Inhibitor Induction in the Wounded Plant«, in *Nature* 360, 62-65 (1992).

4. Mackie, G. O.: »Conduction in the Nerve-Free Epithelia of Siphonophores«, in *Amer. Zoologist* 5, 439–453 (1965).

5. Ma, L. et al.: »Emodin ameliorates renal fibrosis in rats via TGF-β1/Smad signaling pathway and function study of Smurf 2«, in *Int Urol Nephrol* 50, 373-382 (2018).

6. Vignolini, S. et al.: »The mirror crack'd: Both pigment and structure contribute to the glossy blue appearance of the mirror orchid«, in *Ophrys speculum. New Phytologist* 196, 1038-1047 (2012).

7. Chen, Y., Yang, X., Howman, H. & Filik, R.: »Individual differences in emoji comprehension: Gender, age, and culture«, in *PLoS One* 19, (2024).

8. Nevo, O. et al.: »Signal and reward in wild fleshy fruits: Does fruit scent predict nutrient content?«, in *Ecol Evol* 9, 10534-10543 (2019).

9. Rozin, P., Guillot, L., Fincher, K., Rozin, A. & Tsukayama, E.: »Glad to be sad, and other examples of benign masochism«, in *Judgm Decis Mak* 8, 439-447 (2013).

10. Jones, D. L., Nguyen, C. & Finlay, R. D.: »Carbon flow in the rhizosphere: Carbon trading at the soil-root interface«, in. *Plant and Soil* vol. 321 5-33. Preprint at https://doi.org/10.1007/s11104-009-9925-0 (2009).

11. Jansson, J. K., McClure, R. & Egbert, R. G.: »Soil microbiome engineering for sustainability in a changing environment«, in *Nature Biotechnology*. Preprint at https://doi.org/10.1038/s41587-023-01932-3 (2023).

12. Loo, E. P. I. et al.: »Sugar transporters spatially organize microbiota colonization along the longitudinal root axis of Arabidopsis«, in *Cell Host Microbe* 32, 543-556.e6 (2024).

13. van Nood, E. et al.: »Duodenal Infusion of Donor Feces for Recurrent in *Clostridium difficile*«, in *New England Journal of Medicine* 368, 407-415 (2013).

14. Peter Andrey Smith: »A New Kind of Transplant Bank«, in *The New York Times, https://www.nytimes.com/2014/02/18/health/a-new-kind-of-transplant-bank. html,* Zugriff am 08.08.2024 (2014).

15. Stassen, M. J. J., Hsu, S. H., Pieterse, C. M. J. & Stringlis, I. A.: »Coumarin Communication Along the Microbiome-Root-Shoot Axis«, in *Trends in Plant Science* vol. 26 169-183. Preprint at *https://doi.org/10.1016/j.tplants.2020. 09.008* (2021).

16. Berendsen, R. L. et al.: »Disease-induced assemblage of a plant-beneficial bacterial consortium«, in ISME *Journal* 12, 1496-1507 (2018). Und Yuan, J. et al.: »Root exudates drive the soil-borne legacy of aboveground pathogen infection«, in *Microbiome* 6, (2018).

17. Qiao, Y. et al.: »Synthetic community derived from grafted watermelon rhizosphere provides protection for ungrafted watermelon against Fusarium oxysporum via microbial synergistic effects«, in *Microbiome* 12, (2024).

5장 번성과 쇠퇴

1. Runyon, J. B., Mescher, M. C. & De Moraes, C. M.: »Volatile chemical cues guide host location and host selection by parasitic plants«, in *Science* 313, 1964-1967 (2006).
2. Castells, L.; »Plants turn caterpillars into cannibals«, in *Nature* (2017) doi:10.1038/nature.2017.22281.
3. González-Teuber, M., Kaltenpoth, M. & Boland, W.: »Mutualistic ants as an indirect defence against leaf pathogens«, in *New Phytologist* 202, 640-650 (2014).
4. Varner, J. M. et al.: »Understanding flammability and bark thickness in the genus Pinus using a phylogenetic approach«, in *Sci Rep* 12, (2022).
5. Bennemann, M.: *Böse Bäume. Wie sie töten, stehlen, Feuer legen–die dunkle Seite unserer liebsten Waldbewohner*, Goldmann (2022).
6. Kong, C. H., Li, Z., Li, F. L., Xia, X. X. & Wang, P.: »Chemically Mediated Plant-Plant Interactions: Allelopathy and Allelobiosis«, in *Plants* vol. 13. Preprint at https://doi.org/10.3390/plants13050626 (2024).
7. Frederickson, M. E., Greene, M. J. & Gordon, D. M.: » ›Devil's gardens‹ bedevilled by ants«, in *Nature* 437, 495-496 (2005).
8. Preston, C. A. & Baldwin, I. T.: »Positive and Negative Signals Regulate Germination in the Post-Fire Annual *Nicotiana attenuata*«, in Ecology 80 (1999).
9. Wang, L. & Wu, J.: »The Essential Role of Jasmonic Acid in Plant-Herbivore Interactions – Using the Wild Tobacco *Nicotiana attenuata* as a Model«, in *Journal of Genetics and Genomics* vol. 40 597-606. Preprint at https://doi.org/10.1016/j.jgg.2013. 10.001 (2013).
10. Kessler, A. & Baldwin, I. T.: »Defensive function of herbivore-induced plant volatile emissions in nature«, in *Science* 291, 2141-2144 (2001).
11. Schmid, N. B. et al.: »Feruloyl-CoA 6'-Hydroxylase1-Dependent Coumarins Mediate Iron Acquisition from Alkaline Substrates in Arabidopsis«, in *Plant Physiol* 164, 160-172 (2014).
12. Stringlis, I. A., De Jonge, R. & Pieterse, C. M. J.: »The Age of Coumarins in Plant-Microbe Interactions«, in *Plant and Cell Physiology* vol. 60 1405-1419. Preprint at https://doi.org/10.1093/pcp/pcz076 (2019).
13. Wiborg, S.: »Unkraut gewinnt. Im Kampf gegen Giersch zeigt sich die Vergeblichkeit des menschlichen Tuns«, in Die Zeit vom 9. 6. 2005 (2005).
14. Baumgartner, K.: »Giersch mit Kartoffeln bekämpfen: So geht's«, in Gartenjournal, https://www.gartenjournal.net/giersch-kartoffeln, Zugriff am 09.09.2024 (2024).
15. IPBES: »Summary for Policymakers of the Global Assessment Report on Biodiversity and Ecosystem Services«, www.ipbes.net (2019).
16. Paini, D. R. et al.: »Global threat to agriculture from invasive species«, in *Proc Natl*

Acad Sci USA 113, 7575–7579 (2016).

17. Lenda, M. et al.: »Multiple invasive species affect germination, growth, and photosynthesis of native weeds and crops in experiments«, in *Sci Rep* 13, (2023).

18. Zhang, P. J. et al.: »Airborne host-plant manipulation by whiteflies via an inducible blend of plant volatiles«, in *Proc Natl Acad Sci* USA 116, 7387–7396 (2019).

6장 개화기

1. Gallai, N., Salles, J. M., Settele, J. & Vaissière, B. E.: »Economic valuation of the vulnerability of world agriculture confronted with pollinator decline«, in: *Ecological Economics* 68, 810–821 (2009).

2. Tamburini, G. et al.: »Agricultural Diversification Promotes Multiple Ecosystem Services without Compromising Yield«, in *Sci. Adv* vol. 6, http://advances.sciencemag.org/ (2020).

3. Wang, G. et al.: »Dilution of specialist pathogens drives productivity benefits from diversity in plant mixtures«, in *Nat Commun* 14, (2023).

4. Glatzer, N. & Braun, V.: Buschfunkistan. *https://www.youtube.com/@Buschfunkistan.*

5. Wegener, J. K. et al.: »Spot farming - eine Alternative für die zukünftige Pflanzenproduktion«, in *Journal für Kulturpflanzen* 71, 70–89 (2019).

6. Leibniz-Institut für Gemüse- und Zierpflanzenbau (IGZ) e. V.: »Agrarsysteme der Zukunft.« Projekt-Homepage DAKIS. https://agrarsysteme-der-zukunft.de/konsortien/dakis, Zugriff am 17.09.2024.

7. Kay, S., Jäger, M. & Herzog, F.: »Moderne Agroforstsysteme in der Schweiz. Partizipative Entwicklung und künftige Herausforderungen«, www.agroforesterie.ch.

8. Bundesministerium für Ernährung und Landwirtschaft (BMEL), »Lebensmittelabfäle in Deutschland: Aktuelle Zahlen zur Höe der Lebensmittelabfälle nach Sektoren«, https://www.bmel.de/DE/themen/ernaehrung/lebensmittelverschwendung/studie-lebensmittelabfaelle-deutschland.html, Zugriff am 17.09.2024 (2021).

9. Frank, H. E. R. et al.: »The evolution of sour taste«, in *Proceedings of the Royal Society B: Biological Sciences* vol. 289. Preprint at https://doi.org/10.1098/rspb.2021. *1918* (2022).

10. Amato, K. R., Mallott, E. K., Maia, P. D. & Sardaro, M. L. S.: »Predigestion as an evolutionary impetus for human use of fermented food«, in *Curr Anthropol* 62, S207–S219 (2021).

11. Reich, M.: *Revolution aus dem Mikrokosmos. Nachhaltige Ernährung durch Fermentation,* Residenz Verlag (2024).

7장 파종

1. Dana Bashs Interview mit JD Vance auf CNN:. https://edition.cnn.com/2024/09/15/politics/video/sotu-bash-vance-haitian-immigrants-full-interview, Zugriff am 04.11.2024 (2024).

2. Barlow, C.: *The Ghosts of Evolution, Nonsensical Fruit, Missing Partners, and Other Ecological Anachronisms,* Basic Books (2001).

3. Heleno, R. H. & Vargas, P.: »How do islands become green?« in *Global Ecology and Biogeography* 24, 518–526 (2015).

4. Yamawo, A. & Ohno, M.: »Joint evolution of mutualistic interactions, pollination, seed dispersal mutualism, and mycorrhizal symbiosis in trees«, in *New Phytologist* 243, 1586–1599 (2024).

5. Foell, J.: *Fakten sind auch nur Meinungen. Wie wir wissenschaftlich zwischen Wahrheit und Wahrnehmung unterscheiden,* Droemer (2024).

6. Nikolov, L. A. & Davis, C. C.: »The big, the bad, and the beautiful: Biology of the world's largest flowers«, in *Journal of Systematics and Evolution* vol. 55 516–524 Preprint at https://doi.org/10.1111/jse.12260 (2017).

7. Bundeszentrale für politische Bildung: »PLURV – Was ist das?«, https://www.bpb.de/themen/medien-journalismus/desinformation/519734/plurv-was-ist-das/, Zugriff am 27.09.2024 (2023).

8. Pflanzenforschung.de: »Goldener Reis«, https://www.pflanzenforschung.de/de/pflanzenwissen/lexikon-a-z/goldener-reis-1193, Zugriff am 30.09.2024 (2010).

9. transparenz GENTECHNIK: »Papaya«, https://www.transgen.de/datenbank/pflanzen/1977.papaya.html, Zugriff am 30.09.2024 (2021).

10. Gupta, P. K.: »Drought-tolerant transgenic wheat HB4®: a hope for the future«, in *Trends Biotechnol* 42, 807–809 (2024).

11. Negrutiu, I., Frohlich, M. W. & Hamant, O.: »Flowering Plants in the Anthropocene: A Political Agenda«, in *Trends in Plant Science* vol. 25 349–368. Preprint at https://doi.org/10.1016/j.tplants.2019.12.008 (2020).

12. Klein, D. & Schulz, C.: »LWF-Merkblatt Nr. 27 – Kohlenstoffspeicherung von Bäumen«, https://www.waldwissen.net/de/lebensraum-wald/klima-und-umwelt/klimawandel-und-co2/kohlenstoffspeicher-baum, Zugriff am 30.09.2024 (2011).

13. Greifswald Moor Centrum, »Paludikultur und Biodiversitä«, https://www.greifswaldmoor.de/aktuelles.html#633, Zugriff am 01.10.2024 (2024).

14. Oreska, M. P. J. et al.: »The greenhouse gas offset potential from seagrass restoration«, in *Sci Rep* 10, (2020).

15. Reusch, Th. B. H., Olsen, J. L. »Reconstructing the worldwide colonization history of the world's most widespread marine plant«, in *Nat Plants* 9, 1180 – 1181 (2023).

16. Dieser Abschnitt ist in weiten Teilen inspiriert von einer wunderbaren *Terra-X-*Dokumentation, die passend zur Entstehungszeit dieses Buchs herauskam: »Harald Lesch … und die unterschäzte Klimachance«, Terra X Lesch & Co. https://www.youtube.com/watch?v=Ekqa7liOhDY&t=1095 s, Zugriff am 01.10.2024 (2024).

17. Das Europäische Parlament und der Rat der Europäischen Union, »Verordnung (EU) 2024/1991 des Europäschen Parlaments und des Rates vom 24. Juni 2024 über die Wiederherstellung der Natur und zur Änderung der Verordnung (EU) 2022/869«, http://data.europa.eu/eli/reg/2024/1991/oj1/93 (2024).

18. Eine anschauliche Grafik über die Bevölkerungsentwicklung von 1555 bis 2023 findet sich auf www.ourworldindata.org: https://ourworldindata.org/grapher/population?time=1555..latest, Zugriff am 02.10.2024 (2023).

19. Wirth, C., Bruelheide, H., Farwig, N., Marx, J. M. & Settele, J.: *Faktencheck Artenvielfalt. Bestandsaufnahme und Perspektiven für den Erhalt der biologischen Vielfalt in Deutschland,* oekom verlag (2024).

20. Landschek, E. & Carmesin, J.: »Kommentar von Wissenschaftsjournalistin Friederike Walch-Nasseri zum ›Faktencheck Artenvielfalt‹« im Nachrich\-tenpodcast *Was jetzt?* der *Zeit online.* Preprint at (2024).

뿌리 왕국

초판 1쇄 인쇄 2025년 12월 17일
초판 1쇄 발행 2026년 1월 12일

지은이 데이비드 스펜서
옮긴이 배명자
펴낸이 유정연

이사 김귀분
책임편집 조현주 **기획편집** 신성식 이지은 유리슬아 황서연 유자영 정유진 **디자인** 안수진 기경란
마케팅 반지영 박중혁 하유정 **제작** 임정호 **경영지원** 박소영

펴낸곳 흐름출판(주) **출판등록** 제313-2003-199호(2003년 5월 28일)
주소 서울시 마포구 월드컵북로5길 48-9(서교동)
전화 (02)325-4944 **팩스** (02)325-4945 **이메일** book@hbooks.co.kr
홈페이지 http://www.hbooks.co.kr **블로그** blog.naver.com/nextwave7
출력·인쇄·제본 (주)삼광프린팅 **용지** 월드페이퍼(주) **후가공** (주)이지앤비(특허 제10-1081185호)

ISBN 978-89-6596-784-2 03480